危险废物管理与处理处置技术丛书

污染场地修复教程

环境保护部污染防治司　巴塞尔公约亚太区域中心　编译

中国环境出版集团・北京

图书在版编目（CIP）数据

污染场地修复教程/环境保护部污染防治司，巴塞尔公约亚太区域中心编译. —北京：中国环境出版集团，2015.5（2018.7 重印）
（危险废物管理与处理处置技术丛书）
ISBN 978-7-5111-1938-4

Ⅰ. ①污… Ⅱ. ①环… ②巴… Ⅲ. ①危险废弃物—场地—环境污染—修复—美国—教材 Ⅳ. ①X705

中国版本图书馆 CIP 数据核字（2014）第 146866 号

出 版 人　武德凯
责任编辑　侯华华
责任校对　唐丽虹
封面设计　陈　莹

更多信息，请关注
中国环境出版集团
第一分社

出版发行　中国环境出版集团
（100062　北京市东城区广渠门内大街 16 号）
网　　址：http://www.cesp.com.cn
电子邮箱：bjgl@cesp.com.cn
联系电话：010-67112765（编辑管理部）
010-67112735（第一分社）
发行热线：010-67125803，010-67113405（传真）
印　　刷　北京建宏印刷有限公司
经　　销　各地新华书店
版　　次　2015 年 5 月第 1 版
印　　次　2018 年 7 月第 3 次印刷
开　　本　787×1092　1/16
印　　张　5.5
字　　数　70 千字
定　　价　25.00 元

【版权所有。未经许可，请勿翻印、转载，违者必究。】
如有缺页、破损、倒装等印装质量问题，请寄回本社更换

《危险废物管理与处理处置技术丛书》

编 委 会

主　　任　赵华林

执行主任　李　蕾　钟　斌　李金惠

编 委 会（以姓氏笔画为序）

于可利　李　蕾　李金惠　任隽姝

刘丽丽　郑莉霞　赵华林　赵娜娜

钟　斌　熊　晶　戴　祥

序

回望过去不久的20世纪，我们可能欣喜于迄今为止最伟大的创造力，可能忧伤于惊天动地的灾难，也可能彷徨在成就与教训、历史与未来的十字路口。这个时代造就了伟大的创造发明，为人类开启了通向崭新世界的大门，但与此同时，这个时代也给我们赖以生存的地球环境带来了不可磨灭的创伤。

未来学家托夫勒在20世纪80年代之初的一段描述颇为经典："可以毫不夸张地说，从来没有任何一个文明，能够创造出这种手段，能够不仅摧毁一个城市，而且毁灭整个地球，从来没有整个海洋面临中毒的问题；由于人类的贪婪或疏忽，整个空间可以突然一夜之间从地球上消失；从来没有开采矿山如此之猛，挖得大地满目疮痍；从来没有过让头发喷雾剂使臭氧层消耗殆尽，以及让热污染造成对全球气候的威胁。"

托夫勒的这段文字，无疑是对人类伟大创造力和无敌生产力的另一种注解。人类戳痛了自然原本有序的循环。当我们回首20世纪，感叹人类文明的同时，我们也应当反省。人与自然之间相互纠结、难解难分的关系，是当今我们不得不重新认识的最为基本的问题。

生态文明，是对人与自然关系认识的深化，也是人类自我认识的飞跃，是全人类共同努力的目标。全世界人民和各国环境从业者应该协同一致，以资源环境承载力为基础、以自然规律为准则、以可持续发展为目标，建立资源节约型、环境友好型社会。一个国家经济社会持续发展的基本前提是环境保护，环境保护取得的成效和突破，是对生态文明建设的积极贡献。我们应该不断审视和解决突出的环境问题，积极学习先进的处理技术和管理经验，以增强处理环境问题的技术手段和能力，继续探索环境保护的新道路。

当今世界，危险废物的处理处置是全球面临的突出环境问题之一，也是做好污染防治，建设生态文明必须解决的问题。国际组织和世界各国特别是美国、欧盟及日本等发达国家和地区的环境从业者都倾注了很多心血，他们的经验和教训、在这方面研发的技术是值得借鉴的。当前，我国环境保护部门已经充分认识到了危险废物处理处置工作的重要性，危险废物管理技术和污染防治工作已进入环境污染防治工作的主战场、主阵地。以环境保护部污染防治司和巴塞尔公约亚太区域中心的名义联合出版的《危险废物管理与处理处置技术丛书》恰逢其时，希望能够为大家更好地开展危险废物管理工作提供参考。

我希望，广大环境保护从业者能够借助此书，进一步加强自身业务能力，全面推动危险废物管理和处理处置工作向前发展，在探索环境保护新道路中开创新局面，为人与自然的和谐作出新贡献！

赵华林

2013 年 8 月

前　言

随着全球工业的发展，危险废物的产生量日益增多，若处理不当，危险废物将对人类赖以生存的环境造成严重的污染，威胁人类的生产和生活。危险废物在工业发达国家引起了公众的广泛关注，促使发达国家加强管理并大力发展和改进处理处置技术以防止污染，在此过程中，发达国家积累了较为丰富的管理与技术经验。

近几年，我国经济飞速发展，工业水平不断提高，随之产生的危险废物问题已经成为一个不可小觑的环境问题。如何合理地处理和处置危险废物已经成为我国环境工作的重要任务。我们应该借鉴发达国家的危险废物管理和污染防治工作经验，学习国外先进的处理技术，以增强处理和处置危险废物的技术手段和能力，从而促使我国走可持续发展道路，建设环境友好型社会。

近年来，我国对危险废物污染高度重视，颁布了相关法律、法规，制定了相关名录、规划和条例等，整体污染防治水平已经有了明显的进步。但是，我国危险废物的处理处置总体还处于较低水平，科研人员、技术人员和环境管理工作者的认识水平和知识水平还有待提高。

为加强我国危险废物污染环境防治能力建设，2010 年环境保护部与清华大学签署了《关于开展国家危险废物管理培训与战略研究的合作协议》，并由设在清华大学的巴塞尔公约亚太区域中心（亚太中心）负责具体落实。为落实本协议的具体工作，亚太中心开展了《危险废物管理与处理处置技术丛书》的编写工作。

本丛书涵盖内容广泛，介绍了危险废物管理体系、危险废物处理处置设施技术规范、填埋场设施环境监测、填埋场的设计与建设及其质量保证、填埋场的运行和管理技术等，内容详尽，理论和实例紧密结合。希望丛书的出版能够弥补危险废物管理与处理处置技术资料的不足，对提高相关从业人员认识和知识水平起到积极作用。

由于时间以及水平有限，疏漏之处在所难免，请同行和各界读者批评指正。（通信地址：清华大学环境学院，联系电话：010-62794351，电子邮箱：jinhui@ tsinghua.edu.cn，联系人：李金惠。）

编　者

2013 年 8 月

编者的话

近年来，土壤的污染已经成为大气污染和水污染后的又一个重大环境问题。20 世纪以来，随着城市化进程加快，产业结构的调整，大量城镇工业企业搬迁，导致遗留的污染场地数量增多，为保障人居环境安全、国民健康和社会稳定，亟须开展污染场地治理与修复工作。我国对污染场地高度重视，积极开展了此方面的工作，并于近期颁布了《场地环境调查技术导则》（HJ 25.1—2014）、《场地环境监测技术导则》（HJ 25.2—2014）、《污染场地风险评估技术导则》（HJ 25.3—2014）、《污染场地土壤修复技术导则》（HJ 25.4—2014）和《污染场地术语》（HJ 682—2014），这 5 个标准已于 2014 年 7 月 1 日起实施。但是，我国的污染场地修复总体还处于起步阶段，污染场地修复技术还不成熟。

本书是巴塞尔公约亚太区域中心（以下简称“亚太中心”）在美国环境保护局协助提供的美国污染场地的公众导则基础上编译完成的，主要介绍了有关污染场地各类修复技术、技术的理论基础、所需修复时间、对周边社区可能带来的影响等，并有各种图表配合阐述，内容详尽和实例紧密结合。希望本书的出版能弥补污染场地修复技术书籍的不足，为科研工作者和从事污染场地修复技术的工作者提供参考。

本书在编译出版过程中，感谢美国环境保护局第九区环保局及 Lida Tan 女士提供的大力支持。参与本书编写的还包括清华大学的霍培书博士、孙笑非博士及亚太中心任隽姝、苏柏灵，在此，一并表示感谢。由于时间及水平有限，疏漏之处在所难免，请同行和各界读者批评指正。

2014 年 8 月

目 录

1 绿色修复技术

1.1 什么是绿色修复技术？

修复污染场地的过程需要消耗能源、水和其他自然资源。这个修复过程会对环境产生或大或小的影响，留下修复的“痕迹”。绿色修复技术，就是在达到修复目标和保障场地再利用的同时，针对修复可能留下的“痕迹”，寻找并选择可以减少环境影响的修复技术。在修复开始前考虑所选修复技术对环境的影响，有助于场地的再利用和可持续发展。

1.2 绿色修复技术的工作原理是什么？

绿色修复技术，要求一个项目团队选择可减少土壤污染对周边环境影响的修复技术，并比较各种修复技术的优点和不足。

不同污染场地的具体情况存在很大差异，因此，针对不同场地需要选择适用于该场地的修复技术和方法。为选择合适的修复技术，需从以下 5 个角度考虑不同修复技术可能产生的环境影响：

（1）能源：在保证修复设备运行功能和效率的前提下，选择耗能小的设备。例如，一个功效较低的抽水泵，可以换成一个更高效的泵，这样就可以提高效率并减少能源的消耗；使用节能型卡车可以减少柴油的使用量。绿色修复也可以选择使用光能、风能或其他可再生能源的机器设备，使用可再生能源可以减少电能或其他不可再生能源的消耗。

（2）空气和大气环境：减少修复活动对空气和大气环境造成的污染，可以通过减少修复设备的能源消耗（如煤炭和石油燃料）来实现。例如，在设备上安装过滤装置，或为设备更换新型低功耗发动机。

（3）水：在修复活动中，水可以循环利用。此外，为保障水质安全，需建立土壤屏障以防止污染场地的表层土壤不被雨水冲到附近的河流危害鱼类和其他野生动物。

（4）土地和生态系统：在污染场地修复中对土地和生态系统的保护包括将动物迁移到安全区域；禁止卡车在野地或未铺设道路的区域行驶，以保护土壤和当地生物。

（5）材料和废物：对污染场地中材料和废物的管理包括材料的再利用和废物的减少。例如，将水泥、木材或其他拆迁材料用于其他建筑，可以显著减少修复活动对环境的影响。

1.3 绿色修复技术需要多长时间？

采取措施保障绿色修复并不会延迟修复进程。比如对太阳能系统的规划需要一年时间，建设需要几个月时间，这个过程可以与场地修复同步进行。在修复工程开始时策划绿色修复，可以最大限度地降低修复工程对环境的影响。

1.4 绿色修复技术对周围社区有什么影响？

绿色修复采取的措施是为了保护我们居住的环境，提高社区的健康程度。许多措施可能只有施工的工程队知道，比如减少废物运输车上路，从而减少堵车和降低噪声。同时，有一些措施也向公众提供了参与修复项目的机会。

1.5 为什么使用绿色修复技术？

作为一个国家，我们将土地视为自然、文化和经济资源。采取绿色修复措施，可以减少矿物燃料（如石油和煤炭）的使用，同时减少电能和物料的消耗。总之，在场地修复早期采取绿色修复措施有助于场地的再利用和可持续发展。

2 活性炭吸附技术

2.1 什么是活性炭吸附技术？

活性炭是一种用于过滤空气或水中有害物质的材料，当受污染的水或空气通过活性炭时，有害化学物质就会吸附在活性炭上。大多数家用自来水龙头和鱼缸的过滤器都含有活性炭。活性炭吸附技术通常与地下水抽提技术联用，用来处理受污染的地下水。活性炭吸附技术可以用于处理许多污染物，如油类、溶剂、多氯联苯、二噁英和其他工业化学物质，以及放射性物质，如氡等。活性炭吸附技术还可以处理受低水平重金属污染的地下水。

2.2 活性炭吸附技术的工作原理是什么？

一组活性炭过滤器通常由一个或者多个活性炭吸附装置构成，受污染的水或者气体在抽出后通过过滤器，化学物质被吸附在活性炭多孔颗粒的表面。如果一次过滤后的水或气体达不到排放标准，可进行多次过滤。

活性炭吸附饱和后不能继续使用，必须更换或者再生后才可以再次使用。更换下的活性炭一般通过焚烧处理。活性炭再生采用加热吹扫方式，加热可以解吸活性炭表面吸附的化学物质，吹扫可将这些化学物质带离活性炭表面，然后由空气污染控制设备收集并处理。

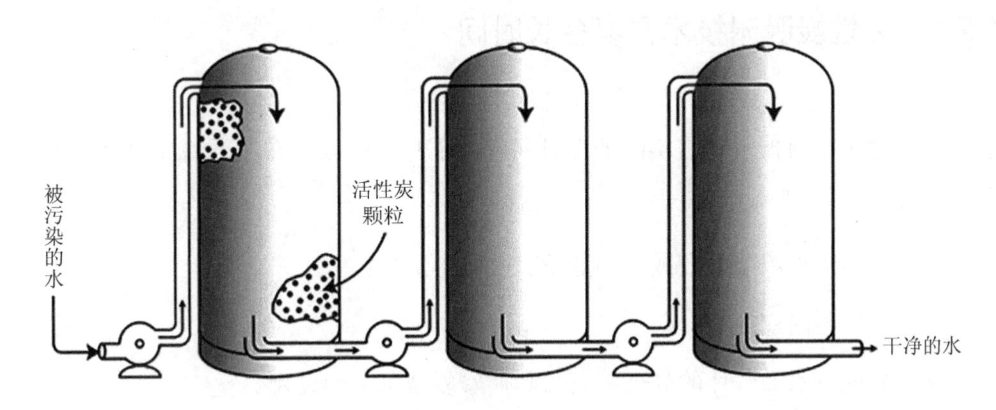

图 1 活性炭过滤器

活性炭吸附技术用于处理受污染地下水时，需要与地下水抽提技术一起使用。地下水处理达标后，排放到附近的河流或回灌到场地，或排放到公共下水道系统。

2.3 活性炭吸附技术安全吗?

活性炭吸附技术使用非常安全。活性炭处理装置上安装有警报器，可以在以下情况发生时提醒工作人员：① 有泄漏发生；② 需要更换活性炭。在更换和再生活性炭时要注意避免化学物质的泄漏。大型过滤器因为不需要频繁更换或再生装置内的活性炭而更受欢迎。

2.4 活性炭吸附技术对周围居民有什么影响?

活性炭吸附技术的运行通常不会影响到周围社区。但是抽提系统的建立会用到大型设备，这对当地的交通可能有影响；设备运行和维护会产生一定的噪声，但活性炭吸附处理系统运行的噪声很小。

2.5 活性炭吸附技术需要多长时间？

活性炭吸附技术所需实际处理时间取决于几个因素，在以下情况中可能需要很长的时间：

（1）污染物浓度很高或污染源没有被完全清除；

（2）污染面积很大；

（3）地下水或气体的处理需要与其他修复技术一起使用。

由于活性炭吸附技术通常与其他修复技术一起使用，因此处理时间的长短也在一定程度上取决于其他修复技术所需的时间，可从几天到几年时间不等。

2.6 为什么使用活性炭吸附技术？

活性炭吸附是处理受污染地下水最常用的修复技术，也可以用来处理受污染土壤和地下水中逸出的污染气体。活性炭吸附处理范围很广，包括燃油类、多氯联苯、二噁英和放射性废物，还可以吸附少量重金属。

相比其他处理技术，活性炭吸附的成本更低，而且不会破坏化学物质的结构。这些被吸附的化学物质及活性炭一起被送至填埋场，化学物质在解吸后用其他技术处理。

3 空气吹脱技术

3.1 什么是空气吹脱技术？

空气吹脱技术，是指强制空气通过受污染的地下水或者地表水，去除水中的有害化学物质的过程。水中的化学物质在空气流作用下变成气态（蒸发）后被收集并处理。这一技术常与地下水抽提技术联用，用来处理受污染的地下水。

3.2 空气吹脱技术的工作原理是什么？

空气吹脱技术的原理是，使用空气吹脱设备强制气流通过污水。空气吹脱设备通常是一个由塑料、金属或陶瓷制成的填料填充的水槽。污水缓慢流过水槽，设备底部的风扇向上吹出的气流通过缓慢流过的污水，使水中的化学物质蒸发并随着气流上升到水槽顶部被收集处理。随着污水在填充紧实的水槽中流动，上升的气流可以接触到更多的污水并蒸发更多有害的化学物质。流到水槽底部的水被收集起来并检测其是否达标，如未达标，需再次引入水槽进行处理或采用其他技术处理。

不同型号的空气吹脱设备结构差异很大，有的是强制气流穿过水槽，有的是引导水流在气体中缓慢流过。空气吹脱设备可以针对场地的特定污染物而进行设计。

3.3 空气吹脱技术安全吗？

空气吹脱技术使用时很安全，空气吹脱设备可以安装在污染场地，从而可避免污水的运输。污水抽出后存放于容器内，避免影响周围环境，处理后的水经检测达标后回灌。

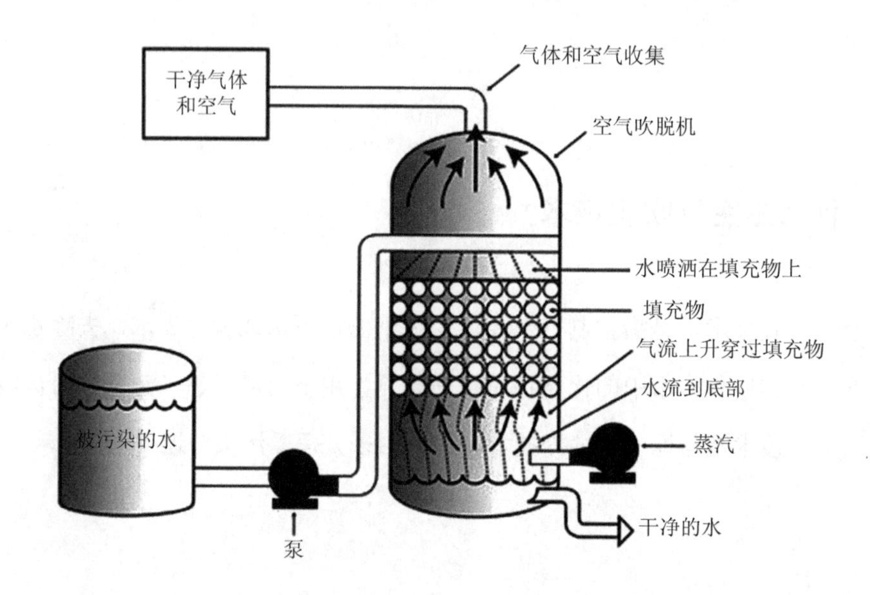

图 2 空气吹脱工作原理示意

3.4 空气吹脱技术需要多长时间？

这一技术处理地下水和地面水所需的时间取决于以下几个因素：

（1）污染水的总量；

（2）污染水中有害化学物质的种类和总量；

（3）污染水抽出的速度；

（4）空气吹脱设备的数量。

根据场地状况，吹脱技术一般需要最少几年的时间才能完成一次场地处理。

3.5 空气吹脱技术对周围居民有什么影响？

运载空气吹脱设备到场地并安装，可能给周围社区带来交通拥堵和噪声的问题。此外，吹脱设备可能运行很多年，需要定期检测和维护，尽量降低设备运行的噪声。

3.6 为什么使用空气吹脱技术？

空气吹脱技术最适于处理含有挥发性有机物（燃油类和溶剂类物质）的污水，在设计合理的情况下，空气吹脱技术可以去除水中 99%的污染物。但空气吹脱技术不能去除金属、多氯联苯和其他难挥发的化学物质。空气吹脱设备拆卸方便，维护成本低，已经在上百个污染场地中用来处理污水。

4 生物修复技术

4.1 什么是生物修复技术？

生物修复是一种自然过程的污染场地修复。土壤或地下水中的微生物，可以“吃掉”一些特定的有害化学物质，如在油田发现的微生物，可以用于处理石油污染的土壤。当微生物“吃掉”化学物质后，会将其转化为水、二氧化碳等无害的物质。

4.2 生物修复技术的工作原理是什么？

用微生物处理污染物，需要土壤或地下水具备适宜的条件，如温度、养分和氧气。微生物在适宜的条件下生长繁殖，并“吃掉”污染物。如果生长条件不适宜，微生物将生长缓慢甚至死亡。发展生物修复技术，一方面可改进环境条件，如充气、加入养分等；另一方面可在环境微生物总量较少时添加微生物菌剂。

生物修复的最适宜条件很难在地下实现。对有些场地，如温度低、土壤紧实，可将污染土壤挖出，加热后与其他土壤混合，适当加入营养物质，搅拌增加土壤中的氧气含量来改进土壤条件，以提高生物修复效率。当温度、氧气含量和营养条件适宜微生物的繁殖时，微生物就会“吃掉”污染物，完成对污染场地的修复。但是，也有些微生物适于在无氧条件下生长。

有时候，混合土壤会导致有机物在被微生物“吃掉”之前就挥发掉。为防治空气污染，可在一个特制的容器内混合土壤，利于对挥发出的有机物进行收集和处理。

用微生物处理地下水，可以通过深井将地下水抽出，在水中加入营养物质并曝气，创造适宜微生物繁殖的条件以修复污染水。也可以在井中直接加入营养物质，并曝气混合，再将地下水抽出处理。

当污染物被“吃光”且营养物质消耗完时，微生物就会死亡。

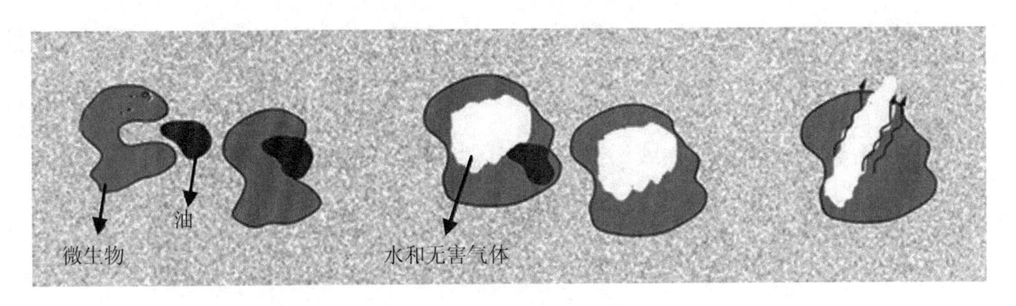

图 3 生物修复技术原理示意

4.3 生物修复技术安全吗？

修复使用的微生物来自土壤，不会对场地及周边区域的人群造成威胁。在生物修复中没有使用有害的化学物质，加入的营养物质是常用于草坪或公园的肥料，生物修复可以完全破坏污染物的结构，将其转化为水和无害气体，所以非常安全。为确保生物修复的效果，应在修复前对土壤和地下水进行采样分析。

4.4 生物修复技术对周围居民有什么影响？

生物修复一般在地下进行，因此不会对场地和周围社区产生影响。原位处理受污染土壤和地下水，可以避免使用运输设备带来的交通和噪声问题。但是，有时需要改变场地条件给微生物创造更好的生长繁殖条件，以及场外生物修复需要将污染物挖出并运输，使用的设备及建造的系统会给当地居民带来交通和噪声的问题。

4.5 生物修复技术需要多长时间?

生物修复需要的实际处理时间取决于几个因素，在以下情况中可能需要很长的时间：

（1）污染物浓度很高，或污染物所在区域很难到达，比如岩石结构层等；

（2）污染区域的面积大、纵深很长；

（3）污染土壤的物理特性需要调整，如温度、营养成分和土著微生物类群等；

（4）需要将污染物运至场外处理。

因为场地的差异，生物修复需要几个月到几年不等的修复时间。

4.6 为什么使用生物修复技术?

生物修复属于自然过程。如果地下条件适宜微生物生长，受污染的土壤和地下水就可以在原位进行修复。生物修复可以避免工作人员接触污染土壤或水，并防止释放有害气体进入大气。微生物可以将污染物转化为水和无害物质，几乎不产生二次污染。

生物修复不像其他修复方法那样需要太多特定装备或人力，因此成本更低。目前，生物修复技术已经在超过 50 个超级基金场地上得到了应用。

5 封盖技术

5.1 什么是封盖技术?

封盖是在污染区域上放置类似于盖子的东西对场地进行封盖。这样的封盖物叫"盖子"。"盖子"不能处理场地中的污染物，但可以保证污染物不会对周边的人或者环境造成危害。

5.2 封盖技术的工作原理是什么?

在处理场地中的污染物时，有些污染物很难被处理，或处理费用高昂。而使用封盖技术可以保持污染物在原位不扩散，不影响周边环境。封盖技术通过以下途径控制污染物不扩散：

（1）阻止雨水和雪水下渗，将污染物带到地下水；

（2）防止大/暴雨将污染物带离场地，污染附近河流和湖泊；

（3）防止风力带走污染物；

（4）控制废物释放的气体排放或挥发性化学物质的逸出；

（5）阻止人或者动物接触到场地中的污染物。

封盖建造非常简单，就像是在污染土壤表面安装几层不同材料的盖子，将污染物隔离。例如，未来用作停车场的污染场地可以使用沥青进行封盖，以隔离土壤中低水平的污染物。而危险废物场地的封盖需要很多层，包括植被、排水层、地工膜和黏土层。

以下是封盖结构的可选择项：

（1）沥青或混凝土：这一层物质可以作为停车场或建筑的地基。

（2）植被：在表层土种植草或其他植物可以防止土壤被侵蚀，使这一区域看上去更加自然，更有生机。植被还可以阻止雨水和雪水下渗到污染区域。

（3）排水层：这一层由沙子和碎石组成，里面铺设有槽管道，收集雨水并将排出。

（4）土工膜：一层薄膜型防渗材料，阻止排水管道的水下渗和地下气体逸出。

（5）黏土层：由黏土组成，阻止排水管道的水下渗。

城市生活垃圾填埋场，一般会在封盖结构中安装气体收集和输送装置，用于收集填埋场地下的甲烷和其他气体。

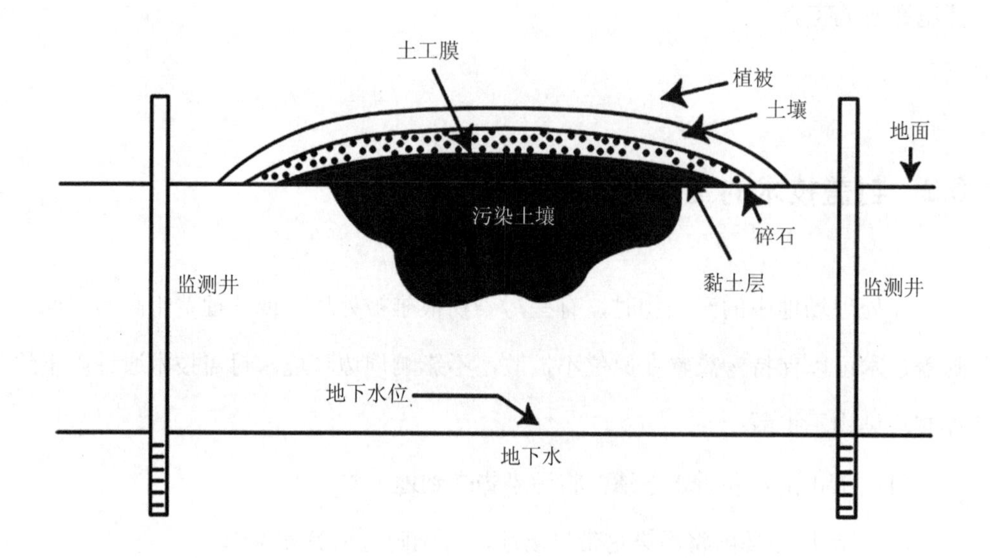

图4　封盖结构示意

5.3 封盖技术安全吗？

只要设计合理、维护得当，封盖技术可以安全有效地阻止污染物扩散。封盖在不被破坏和侵蚀的情况下可以一直发挥作用，因此需定期检查封盖是否受到天气、植物根系或人类活动影响而被破坏，并利用地下水监测井监测污染物的扩散情况。

5.4 封盖技术是否会影响到周围居民？

附近的居民可以看到装载封盖材料的卡车进出场地，这对当地交通有一定影响。建造封盖需要使用推土机和挖掘机等重型设备，会产生噪声。挖掘和建造过程产生的粉尘可以通过洒水和掩盖挖出物来控制。

5.5 封盖技术需要多长时间？

建设一个封盖一般需要几天到几个月的时间。实际处理时间取决于几个因素，在以下情况中可能需要很长的时间：

（1）污染区域面积很大；

（2）封盖设计复杂；

（3）本地没有建造封盖需要的干净土壤、黏土和其他封盖物质。

封盖在合理维护的情况下，可以正常运行很多年。

5.6 为什么使用封盖技术？

封盖技术可以有效隔离场地中的污染物，是一种传统的修复技术。封盖技术通常与地下水抽提技术联合使用修复污染场地。地下水抽提系统处理受污染的地下水，而封盖阻止污染物渗透到地下水。建造封盖后的场地可以开发使用。封盖技术现已应用于几百个污染场地修复，实践证明封盖技术可以有效阻止污染物扩散。

6 生态恢复技术

6.1 什么是生态恢复技术?

生态恢复技术，是指将污染场地恢复到场地被开发之前的过程。商业开发破坏了场地自然环境，打乱了生态平衡。这一技术可以恢复场地的生态平衡，或将场地建成公园或自然区域。

6.2 生态恢复技术的工作原理是什么?

生态恢复技术包括许多不同的技术和方法，需根据场地的状况选择适用的技术。生态恢复要了解当地动植物的物种、土壤类型、天气情况等。这就需要寻找场地以前的照片和地图，考察周围的地区，并向当地居民了解情况。生态恢复的措施包括：

（1）拆除场地的建筑和基础设施；

（2）依据资料复原场地地形，如斜坡；

（3）在场地添加肥沃土壤或肥料，以促进植被恢复；

（4）创造湿地环境或河道；

（5）种植本地物种的树木、草和其他植被；

（6）恢复野生动物栖息地。

土壤、植物和野生动物，包括鸟类、昆虫和微生物群体，都是生态恢复的重要组分。例如，许多本土的开花植物依赖蜜蜂、蝙蝠、蜂鸟或者其他传粉者帮助它们传播花粉。生态恢复的目的就是将场地变为一个适宜动物和植物繁衍生息的地方。

6.3 生态恢复技术安全吗？

只要规划和运营合理，生态恢复的安全性很高。如果场地的土壤或地下水有污染物残留，就必须采取修复措施或将污染物隔离，以避免对周围居民、植物和动物造成威胁。生物修复也可以与其他修复技术联用。

6.4 生态恢复需要多长时间？

生态恢复工程一般需要几个月到几年的时间。生态恢复需要的时间取决于多个因素，在以下情况中可能需要很长的时间：

（1）植物的生长周期长；

（2）天气状况不适于植物发芽和生长；

（3）植物被动物或昆虫吃掉或破坏；

（4）需要修复河径或恢复湿地环境；

（5）需要调节土壤的条件，如温度、营养水平和微生物群落。

6.5 生态恢复对周围居民有什么影响？

生态恢复技术需要将设备和材料运至场地，这会给周围社区带来交通和噪声问题；设备的运行必然也会带来噪声问题。

一般来说，生态恢复不会影响周围社区。修复开始时需要使用设备在场地打孔，这会产生噪声；给植被施用的肥料或营养物质会产生气味，尤其是当土壤与堆肥，畜禽粪便或庭院垃圾混合后，会影响到周围社区。修复过程中产生的扬尘可以通过洒水来控制。

6.6 为什么使用生态恢复技术？

生态恢复通常与土壤和地下水的清理方法一起使用，以改善污染场地的状况。生态恢复可以将受污染的场地从令人厌恶的“眼中钉”变为吸引人的环境；将污染物与周围居民和野生动物隔离开；还可以减少土壤侵蚀。生态恢复能够让污染场地变得适宜野生动物居住；改进空气和水质；向社区提供绿地。

7 蒸发封盖技术

7.1 什么是蒸发封盖技术？

蒸发封盖，是安置封盖在污染物（如土壤和填埋场废物等）上面，以阻止雨水下渗接触污染物。与封盖技术不同的是，蒸发封盖技术不仅阻止雨水和雪水下渗，还能够将其保存至天气变暖或干燥的时候被蒸发掉，或被植物根系吸收，或通过植物茎叶蒸发掉。这个过程就叫做“蒸发封盖技术”。

7.2 蒸发封盖技术的工作原理是什么？

与其他封盖技术一样，蒸发封盖技术不会破坏或移除污染物，而是将污染物隔离并阻止其扩散，从而保护周围的人和野生动物不受污染物的威胁。蒸发封盖技术需要在污染物上建造一层 2～10 英寸（1 英寸 = 2.54 cm）厚的泥沙和黏土层。泥沙和黏土层结构可以保存水分并促进植物生长，封盖的厚度取决于当地的雨水和雪水的总量。在封盖表层需种植本地物种的树木、草和灌木丛等。

表面覆盖植被的黏土层可以减缓雨水或雪水的流动并储存水分，然后通过蒸发或呼吸作用进入大气。蒸发作用和呼吸作用可以阻止水下渗接触污染物并将污染物带到地下水中。

蒸发封盖技术还需在黏土层下构造一层1～2英寸厚由沙子和碎石组成的封盖，帮助黏土层保留更多水分。这层封盖需要干净的土壤，选择使用本地的干净土壤可以加快修复速度，降低成本。

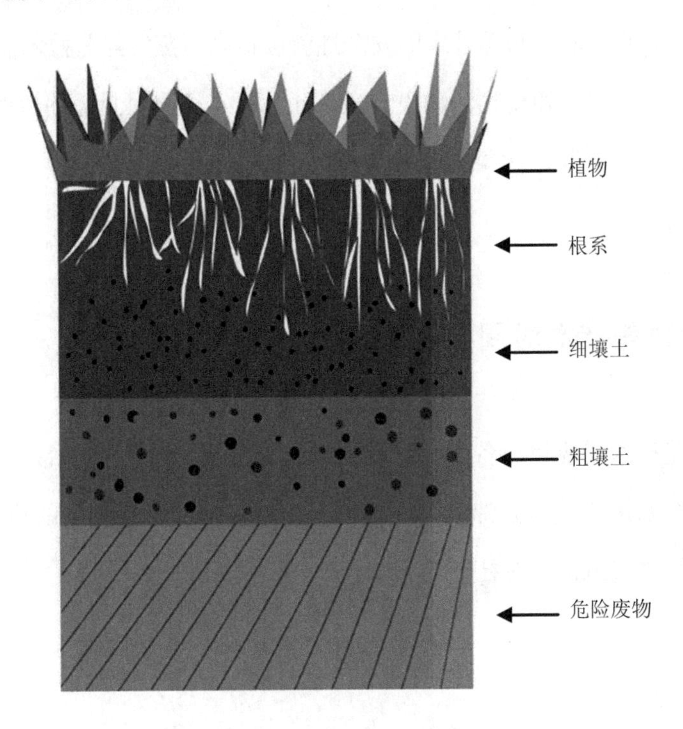

图5 蒸发封盖结构示意

7.3 蒸发封盖技术需要多长时间？

建造封盖需要几周到几个月的时间，取决于多个因素，在以下情况中可能需要很长的时间：

（1）污染区域大；

（2）需要很厚的封盖；

（3）本地没有封盖需要的干净土壤和砂石；

（4）植物的生长周期很长。

7.4 蒸发封盖技术安全吗？

只要设计合理，蒸发封盖技术的安全性就会很高。蒸发封盖技术需要定期检查，以确保天气、植物根系和动物活动没有破坏土壤层；还需对封盖附近的地下水采样，以保证封盖技术有效隔离污染物。

7.5 蒸发封盖技术对周围居民有什么影响？

蒸发封盖技术需要将设备和材料运至场地，这会给周围社区带来交通和噪声问题；在场地挖掘钻孔，也会带来噪声问题；挖掘和构建系统产生的粉尘可以通过洒水和覆盖堆积物来阻止其对社区的影响。

7.6 为什么使用蒸发封盖技术？

蒸发封盖技术是一种快速、廉价的修复技术，能够将填埋场废物和其他埋藏的有害物质隔离。与其他的封盖一样，建造封盖可以避免挖出大量受污染土壤和废物。封盖上的植被可以让场地看上去更有活力。蒸发封盖技术常用于降雨较少区域的污染场地修复。

8 破裂技术

8.1 什么是破裂技术？

破裂技术，是将大块岩石或紧实的土壤（如黏土等）破裂，这一技术本身并不是修复技术，而是在场地修复中的一种预处理和辅助技术。岩石或土壤破裂后产生的空隙有助于污染物的去除或处理。

8.2 破裂技术的工作原理是什么？

污染物会下渗到地下很深的地方，这使场地修复变得非常困难。破裂技术能在地下的岩石和紧实土壤中创造出路径，使得其他修复技术可以达到污染物所在区域并发挥作用；地下水中的污染物可以被抽提出并处理；添加的微生物和氧化物等通过破裂产生的路径进入污染区域，以处理污染物。破裂技术有以下几种方式：

（1）水力压裂

利用泵产生的压力把水注入钻孔内，巨大的水压使土壤或岩石破裂，或使已有的裂隙更大。为加强破裂效果，在注水时加入沙子有助于破裂形成的路径在土壤的压力下保持原状。

（2）气动破裂

使用空气破裂土壤，同时有助于污染物转化为气态蒸发掉。气体被压入土壤，并在污染物蒸发后收集与处理。

气体从钻孔中被压入地下不同深度，过程中钻孔附近的平面高度最高会上升 1 英寸，但最终会回落到原有平面高度。在水力压裂和气动压裂的过程中，都需要在地下安装设备来引导压力流向特定区域。

（3）爆破强化破裂

使用爆破性物质，如炸药，来破裂岩石。将爆破物质放置于钻孔内并引爆，会产生很多缝隙或路径，方便受污染的地下水被抽提到地面上处理。

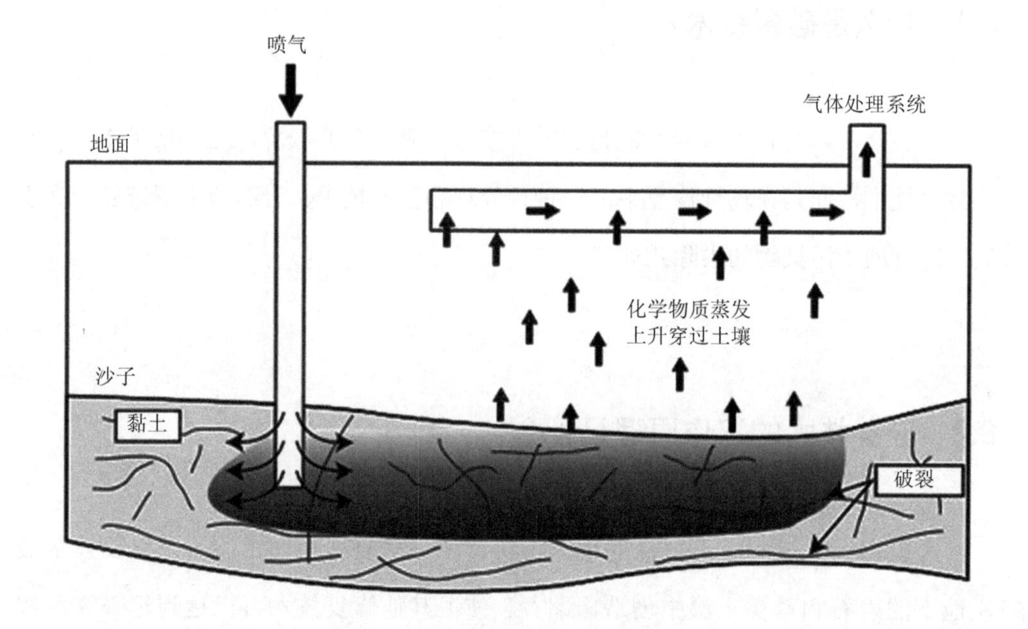

图6 气动破裂原理示意

8.3 破裂技术安全吗？

只要使用得当，破裂技术可以安全地辅助其他修复技术。在破裂技术使用前，应首先评估破裂技术是否适用于该场地，在地下有管道或地上有建筑的场地不允许使用破裂技术。

8.4 破裂技术对周围居民有什么影响？

附近的居民可以看到装载破裂设备和材料的卡车进出场地，这对当地交通有一定影响。爆炸产生的噪声以及设备运行的噪声会对周围社区有一定影响。

8.5 破裂技术需要多长时间？

破裂岩石和土壤不用太长时间，一般只需几天。破裂技术只是辅助手段，实际的场地修复过程依然需要几个月到几年，具体时间取决于多个因素，在以下情况中可能需要很长的时间：

（1）污染区域的面积大、纵深长；

（2）污染物浓度高；

（3）地下水流缓慢。

8.6 为什么使用破裂技术？

破裂技术有助于其他修复技术能尽快到达岩石或紧实土壤中的污染物，更快完成修复工作。这一技术使得处理地下深处的污染物变得简单可行，节省了时间和费用。通常，破裂技术用于处理非水相液体，目前已有 15 个超级基金场地的修复中使用了该技术。

原位化学氧化技术

9.1 什么是原位化学氧化技术？

原位化学氧化技术是使用“氧化剂”与污染物反应，以去除或降低有害污染物毒性的过程。这个过程通常在原位进行，不需要挖出污染土壤或抽出地下水。原位化学氧化技术可以用于处理很多种污染物，如油类、溶剂和杀虫剂。这一技术适用于处理场地中的污染源，尤其是还未下渗到地下水的污染源。在使用化学氧化技术修复场地时，通常采用其他修复技术，如地下水抽提技术，来处理剩下的污染物。

9.2 原位化学氧化技术的工作原理是什么？

把氧化剂加入受污染的土壤和地下水中，氧化剂和污染物发生化学反应，变为无害物质。原位处理土壤和地下水，需要将氧化剂注入土壤中或用泵加入井中。为了让氧化剂能抵达并作用到不同深度的污染源，需要在污染区域的不同深度安装井。氧化剂被泵加到井中后与周围土壤或地下水混合，与污染物反应。

为提高修复的效率，可以在氧化剂加到第一口井中后，将混有氧化剂的地下水抽出，再在抽出的水中添加一些氧化剂，加入到第二口井中；然后再从第二口井中抽出混有氧化剂的地下水，添加氧化剂，加入到第一口井中。这种循环模式可以修复大面积的污染源。

常用的 4 种氧化剂是高锰酸盐、过硫酸盐、过氧化氢和臭氧。前三种氧化剂是作为液体注射到场地中，而臭氧作为一种强氧化剂，因为是气体，所以使用难度大，很少被使用。

催化剂有时会与氧化剂一起使用，可以加速化学反应。例如，使用过氧化氢的时候加一些铁催化剂，能够加速化学反应，破坏更多污染物。

化学氧化过程可能产生足够的热量，使土壤和地下水中的污染物挥发并上升到地表。因此，必须控制化学氧化剂的使用量，以控制产生额外的热量。此外，挥发出的气体必须收集起来做无害化处理。

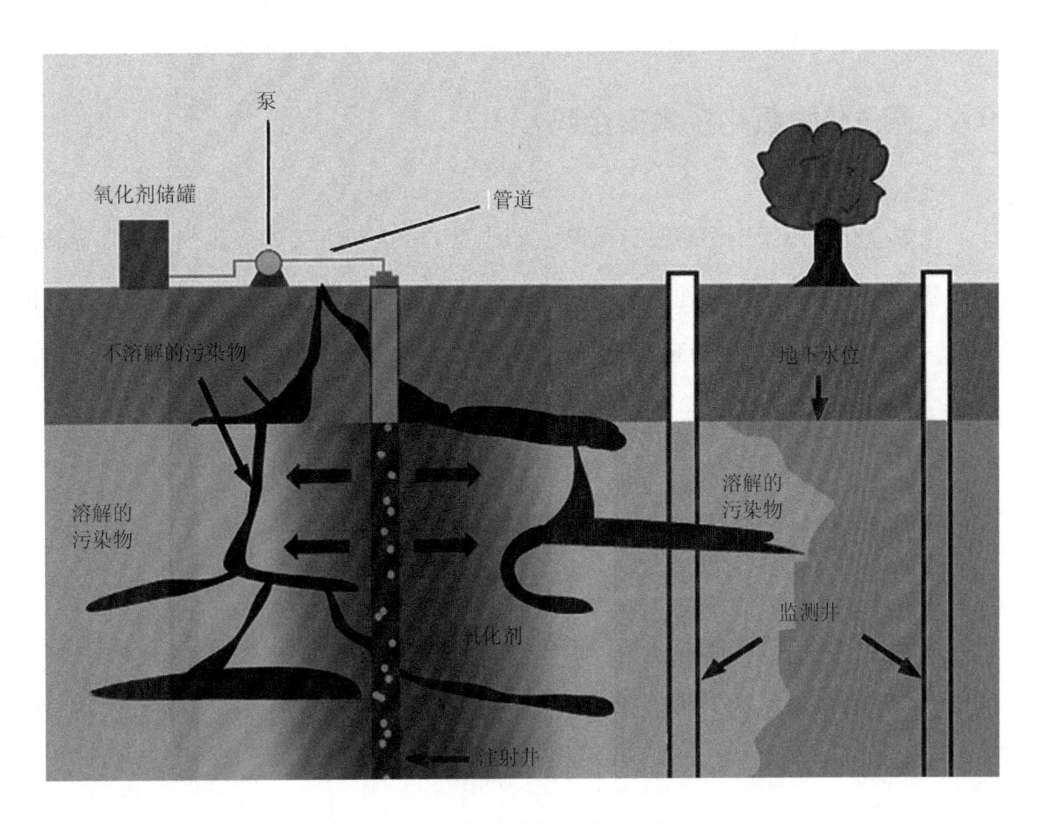

图 7　原位化学氧化原理示意

9.3 原位化学氧化技术需要多长时间？

原位化学氧化技术可以快速清理污染源，一般需要几个月到几年的时间。实际需要的具体时间取决于多个因素，在以下情况中可能需要很长的时间：

（1）污染区域很大；

（2）污染物所在区域有黏土等结构，化学氧化剂很难接触到；

（3）土壤或岩石结构不利于氧化剂扩散；

（4）氧化剂在地下持续发挥作用。

9.4 原位化学氧化技术安全吗？

化学氧化剂对周围环境没有风险。场地的工作人员在接触氧化剂时，需穿戴防护装备。由于污染土壤和地下水的清理是在地下完成，污染物不存在对场地工人的危害。工作人员需要定期检测土壤和地下水，确保化学氧化技术的有效性。

9.5 原位化学氧化技术对周围居民有什么影响？

原位化学氧化技术需要卡车运输钻孔设备和化学氧化剂，这可能给周围社区带来交通和噪声问题；设备的运营也必然会引发噪声的问题。由于化学氧化过程发生在地下，清理活动不会影响周围居民的生活。

9.6 为什么使用原位化学氧化技术?

原位化学氧化技术通常用于原位处理桶装化学物质泄漏造成的污染。这一处理技术不需要挖出土壤，节约了时间和成本，已经在40个超级基金场地和许多其他场地的修复中得到使用。

10 原位化学还原技术

10.1　什么是原位化学还原技术？

原位化学还原技术，是使用还原剂与污染物发生化学反应，去除或降低污染物的毒性。这种修复技术不需要挖出污染土壤或抽出地下水，所以称为“原位化学还原技术”。这种技术可以处理地下水中的几种可溶污染物及不溶于水的重质非水相液体。原位化学还原技术通常用于清理金属铬和三氯乙烯。

10.2　原位化学还原技术的工作原理是什么？

原位化学还原技术，是将还原剂加入受污染的土壤和地下水中，使还原剂与污染物发生反应。例如，高毒性的六价铬可以与还原剂反应生成毒性很小的三价铬，而且三价铬不溶于水，不会扩散到其他地方。

常用的还原剂是零价金属，最常见的是还原铁粉（零价铁）。铁粉在使用时，必须磨成微小颗粒，有时要根据实际需求磨成纳米级颗粒。

还原剂的颗粒越小，越有利于与污染物反应。其他常用的还原剂包括聚硫化物、亚硫酸氢钠、二价铁、双金属材料。双金属材料是由两种不同的金属组成的，原位化学还原技术中最常见的双金属材料是铁粉与钯或银的混合物。

将还原剂送至受污染土壤和地下水有两种途径：

（1）直接注入。将还原剂与水或植物油混合成悬浮液，然后在污染区域打孔，使用泵将悬浮液注入受污染的土壤或地下水中。这种方法常用来处理高污染区域，包括重质非水相液体的污染。直接注入法最常用的还原剂是小颗粒和纳米级颗粒的还原铁粉。

（2）渗透反应格栅。在地下挖一道沟，将还原剂填充进去，形成一道可渗透的格栅。常用的填充物是大颗粒的还原铁粉。地下水流过格栅时，水中的污染物与还原剂发生化学反应。渗透反应格栅是用来处理地下水中的污染物，而且只能处理流过格栅的地下水。

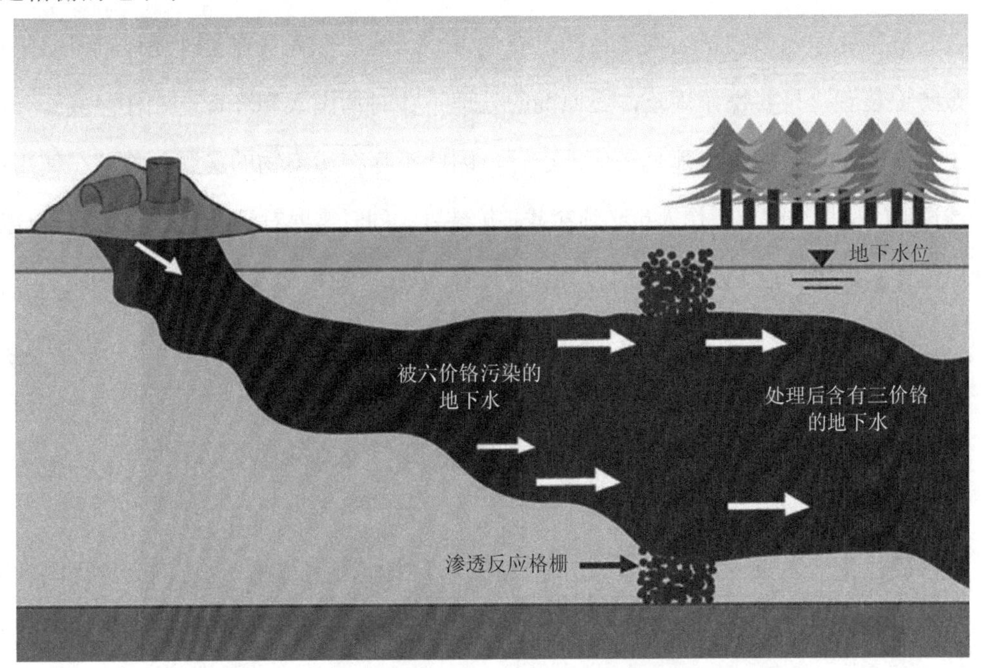

图 8 原位化学还原技术工作（以渗透反应格栅为例）

10.3 原位化学还原技术需要多长时间？

原位化学还原技术，使用直接注入法需要几个月时间；使用可渗透反应格栅需要几年的时间。实际需要的具体时间取决于多个因素，在以下情况中可能需要很长的时间：

（1）污染区域面积大，或污染物处于很难接触到的位置，如黏土层；

（2）土壤或岩石层结构不允许还原剂快速扩散到污染物所在区域；

（3）地下水流缓慢。

10.4 原位化学还原技术安全吗？

原位化学还原技术对周边社区没有危害。场地工作人员在处理还原剂时必须穿戴防护装置，只要操作规范，还原剂的处理不会对周围人和环境造成任何威胁。由于原位化学还原的过程都是在地下进行，因此不存在污染物的暴露风险。在使用可渗透反应格栅法时，工作人员必须穿戴防护装置；同时需要对暴露出的土壤进行掩盖，以阻止其扩散。地下水和土壤必须定期检测，以确保原位化学还原技术有效运行。

10.5 原位化学还原技术对周围居民有什么影响？

原位化学还原技术需要卡车运输钻孔设备和化学还原剂，这可能会给周围社区带来交通和噪声问题；设备的运营也必然会引发噪声的问题。由于化学还原过程发生在地下，清理活动不会影响周围居民的生活。场地工作人员需要定期去场地采集土壤和地下水样品。

10.6 为什么使用原位化学还原技术？

原位化学还原技术可以处理一些其他技术难以处理的污染物，如重质非水相液体。这种技术可以在不挖出土壤和不抽出地下水的情况下完成对大多数污染物的清理，可以节约时间和成本。此外，可渗透反应格栅法的处理不需耗能，只需依赖于水流的动力就可以完成。原位化学还原技术作为一种新型的污染场地修复技术，已经开始在超级基金场地中使用。

11 原位热处理技术

11.1 什么是原位热处理技术？

原位热处理技术，是通过加热去除土壤中污染物的技术。通过加热土壤促使化学物质穿过土壤和地下水进入井中，然后收集起来输送到地面，再采用其他方式进行处理。

11.2 原位热处理技术的工作原理是什么？

原位热处理技术的工作原理是：对受污染的土壤或者地下水进行加热，破坏或者蒸发一些特定的污染物，促使其移动并穿过土壤进入集水井。集水井中的设备收集这些污染物，并输送至地面进一步处理。热处理方法对非水相液体最有效，这种污染物不溶于水，如果得不到妥善处理，就会成为地下水的一个长期污染源。原位热处理技术分为以下几种：

（1）蒸汽喷射：通过打井将蒸汽注入污染区的地下，加热地下区域，移动、蒸发并破坏有害化学物质。

（2）热空气喷射：与蒸汽喷射相似，但使用的是热空气加热，促使有害化学物质移动和蒸发。

（3）热水注入：与蒸汽喷射相似，通过将热水注入井中的方式，来推动非水相液体流动。

（4）电阻加热：通过铁丝向井中通电流，电流产生的热量将地下水和土壤中的水转为蒸汽，并蒸发污染物。

（5）射频加热：将发射电波的天线安装在井中，电波加热土壤，使污染物蒸发。

（6）热传导：通过加热铁丝将热量传导到地下，使污染物被破坏或蒸发。当污染土壤在浅层，就用毯子覆以地面；如果污染土壤在深层，就用铁丝伸入井中传导热量。

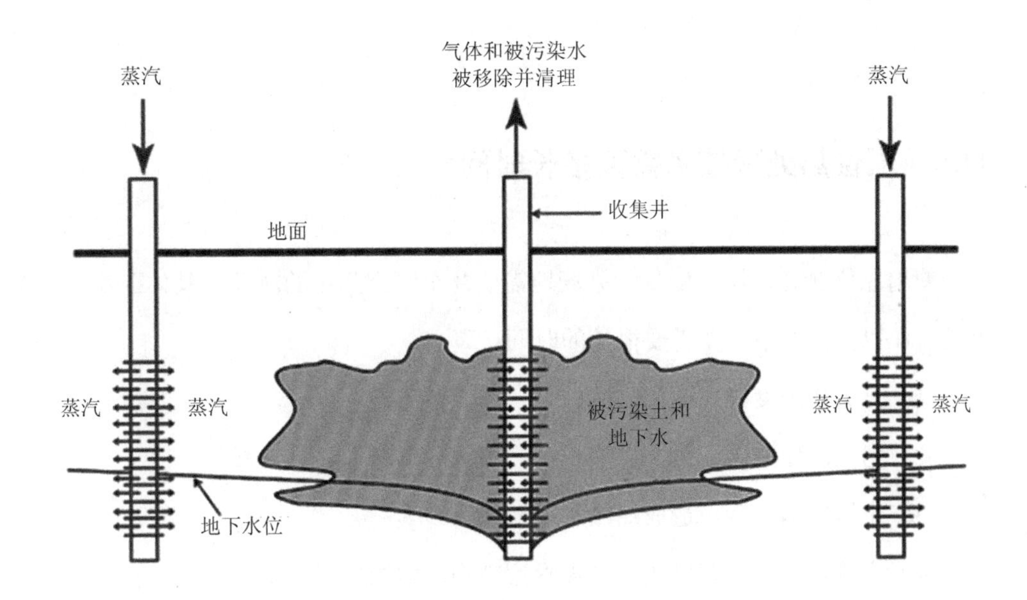

图 9 原位热处理原理示意

11.3 原位热处理技术安全吗？

只要使用方法得当，原位热处理技术的安全性很高。但为防止污染气体逸出到大气环境中，要在地面覆以毯子等，防止气体逃逸。期间应监测空气，确保粉尘和气体完全被收集。但科学家还在研究原位热处理产生的热量是否会杀死土壤中微生物，或是否有益于微生物生长。

11.4 原位热处理技术对周围居民有什么影响？

原位热处理技术需要将相关重型设备和材料运到场地并安装，这会对周围社区带来交通拥堵和噪声问题。此外，设备在运营过程产生的噪声，也对周围社区有一定影响。

11.5 原位热处理技术需要多长时间？

使用原位热处理技术修复污染场地需要几个月到几年的时间，具体取决于多个因素，在以下情况中可能需要很长的时间：

（1）污染物浓度很高；

（2）污染区域的面积大、纵深长；

（3）土壤结构复杂，造成加热不均衡；

（4）土壤含有许多有机物，易吸附污染物，增加处理难度。

11.6 为什么使用原位热处理技术？

原位热处理技术能提高场地处理污染物的速度，降低处理费用。它的费用取决于井的数量。原位热处理技术有助于原位处理非水相液体。为避免挖掘污染土壤可能带来的高昂费用，可以在其他处理方式不适合的情况下选择原位热处理技术。这一技术也可用于处理其他技术无法处理的地下区域。原位热处理技术已经在几十个场地得到应用，包括 12 个超级基金场地。

12 焚烧处理技术

12.1 什么是焚烧处理技术？

焚烧处理是将危险废物燃烧处理，高温可以破坏有害化学物质的结构，还可以减少填埋处置量。焚烧处理能够破坏许多化学物质（如多氯联苯、有机溶剂、杀虫剂等）的结构，但无法改变金属（如铅和铬）的结构。

12.2 焚烧处理技术的工作原理是什么？

焚烧处理技术原理是利用焚烧炉在一定温度下焚烧受污染的土壤，破坏有害化学物质的结构。焚烧设备可以被运至污染场地，现场处理污染土壤；或将污染物运至焚烧设备所在地进行处理。

污染土壤进入焚烧设备后被加热，操作人员控制温度以确保有害物质的结构被最大限度破坏。有害物结构被破坏的程度取决于以下因素：

- 目标温度：目标温度取决于污染物的种类，目标温度的范围一般在 1 600～2 500℃；
- 废物在燃烧室的停留时间：一般固体废物需要加热焚烧 30～90 min，而液体或气态废物只需要 2 s；

- 废物混合：将废物混合焚烧，有助于所有废物快速加热到适宜的温度。

焚烧设备内产生的气体通过空气污染控制设备后，气体中残留的金属、酸、粉尘颗粒物被去除。这些有害物质及经焚烧后的土壤和残渣在收集后必须送至正规填埋场妥善处理。而干净的气体，如水气和二氧化碳等，可直接排入大气。

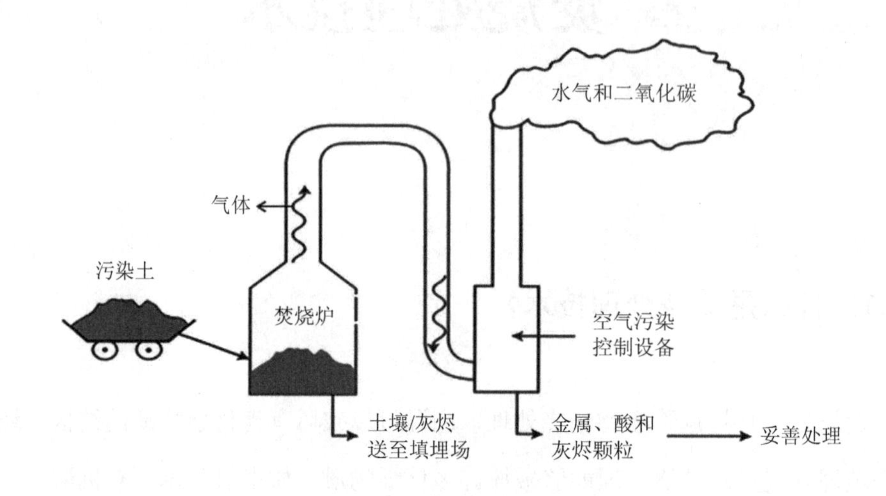

图 10　焚烧处理原理示意

12.3　焚烧处理技术安全吗？

只要设计合理、运营得当，焚烧设备就能够安全处理有害化学物质，不产生气味和粉尘。焚烧炉的焚烧必须维持在适宜温度；空气污染监测设备可以确保排出气体的质量；将有害废物运至焚烧炉的卡车必须掩盖，以防止污染物散落和气体逸出。

12.4　焚烧处理技术是否会影响到周围居民？

场地附近居民可以看到和听到大型机械设备将污染土壤运至焚烧炉，还可以看到焚烧炉产生无害的白色蒸汽，但现代焚烧炉不会产生气味、烟雾和粉尘的问题。

12.5 焚烧处理技术需要多长时间？

焚烧处理技术处理场地需要几周到几年的时间，实际处理时间取决于多个因素，在以下情况中可能需要很长的时间：

（1）废物总量大，需要更多时间挖出或泵抽出来；

（2）废物中含有岩石或岩屑，需要在焚烧前移除；

（3）焚烧炉的容量小。

以上因素因场地不同而存在差异。

12.6 为什么使用焚烧处理技术？

焚烧处理技术可以达到其他处理技术达不到的效果，彻底破坏一些化学物质的结构，而且速度更快。场地中的污染区域较小时，可以将污染物运至场外的焚烧炉处理；而原位焚烧处理可以减少运输环节，适用于污染区域大的场地。当污染场地需要快速修复以阻止其对周边居民和环境的威胁时，可以优先考虑焚烧处理技术。

尽管焚烧炉需要消耗燃料，但焚烧产生的热量可以用来发电。

场外焚烧处理已经或正在 100 多个超级基金场地中得到使用；而原位焚烧处理已经或正在 40 多个超级基金的场地修复中使用。

13 自然衰减监测技术

13.1 什么是自然衰减监测技术？

自然衰减技术依赖于土壤或地下水中污染物的自然衰减，需要对土壤和地下水定期采样以分析其中污染物的特性。这个监测污染物特性变化的过程称为“自然衰减监测”。大多数污染场地都存在自然衰减的情况，需定期检测场地中的污染物以确保自然衰减监测的有效运行。

13.2 自然衰减监测技术的工作原理是什么？

场地受有害物质污染时，自然界会通过以下 5 种方式来清理污染物：

（1）生物降解：环境中的微生物会“吃掉”污染物并将其转化为水和气体。微生物通常生活在土壤和地下水中，有些微生物专门以污染物为食，可以有效降解污染物。

（2）吸附：将污染物吸附在土壤颗粒上。这种方法不能破坏污染物，但可以阻止污染物扩散。

（3）稀释：污染物扩散到干净的地下水中被稀释，污染物浓度降低。

（4）蒸发：土壤中的油类和工业溶剂类污染物，有些可以从液态变为气态逸出到空气中，稀释或在光照下降解。

（5）化学反应：污染物与土壤或地下水中存在的自然物质发生反应，成为无害或毒性较低的物质。例如，高毒性的六价铬与自然环境中的铁反应变为低毒性的三价铬。

自然衰减监测技术一般用于污染源移除后的场地。场地中的污染源被移除后，自然衰减过程才能有效地修复环境，去除残余的污染物。场地需要定期采样检测，以确保自然衰减的有效进行。

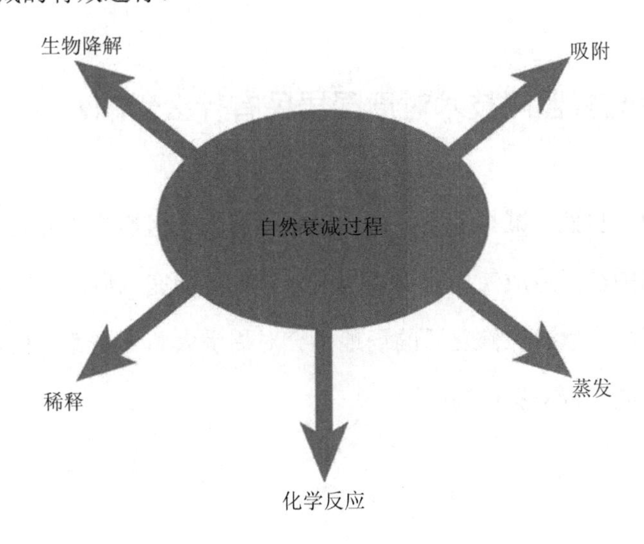

图 11　自然衰减原理示意

13.3　自然衰减监测技术需要多长时间？

自然衰减监测技术一般需要几年的时间。实际需要的具体时间取决于多个因素，在以下情况中可能需要很长的时间：

（1）污染物浓度很高；

（2）污染面积大；

（3）场地条件不利于生物降解、吸附或稀释。

13.4 自然衰减监测技术安全吗？

自然衰减监测技术不会对周围社区或场地工作人员造成危害。自然衰减监测技术不需要挖出土壤或抽出地下水，因此不存在接触污染物的暴露风险。场地需要定期采样检测污染物的状况，以确保自然衰减的进程及修复效果。

13.5 自然衰减监测技术对周围居民有什么影响？

一般来说，自然衰减技术不会对周围社区产生任何影响。开始时，安装监测设备可能会给周围社区造成交通和噪声的问题。但安装完成后，只需要工作人员定期在场地收集样品，以确保修复后的场地不会对周围人和环境造成危害。此外，定期的取样过程可能会带来噪声的问题。

13.6 为什么使用自然衰减监测技术？

自然衰减监测适用于污染源移除后的场地。自然衰减监测技术不需要太多设备和劳动力，可以降低修复成本。然而，持续多年的监测成本可能很高。自然衰减监测技术已经在100多个超级基金场地的修复中得到了使用。

14 渗透反应格栅技术

14.1 什么是渗透反应格栅技术?

渗透反应格栅技术，是将渗透反应格栅安装在地下来处理受污染的地下水。格栅布满微孔，当地下水流过这些微孔时，污染物被过滤掉或转化为无害物质，地下水被净化。

14.2 渗透反应格栅技术的工作原理是什么?

渗透反应格栅技术，需要在地下水的流动路径上挖掘一个壕沟，填充反应物用于处理污染物。填充物一般使用铁屑、石灰石和活性炭，并加入沙子，以利于地下水流过。壕沟上面覆土，表面看不出壕沟的存在。

壕沟内填充物的选择取决于地下水中污染物的类型，处理污染物通过以下途径：

- 捕捉或吸附污染物：比如，活性炭吸附。
- 沉淀水中的污染物：比如，石灰石可将溶解的金属沉淀出来。
- 将污染物转为无害物质：比如，零价铁可与污染物反应，将其转化为无害物质。
- 微生物“吃掉”化学物质：比如，渗透反应格栅中的营养物质和氧气有助于微生物生长并“吃掉”更多污染物，使其转化为水和无害气体（如二氧化碳）。

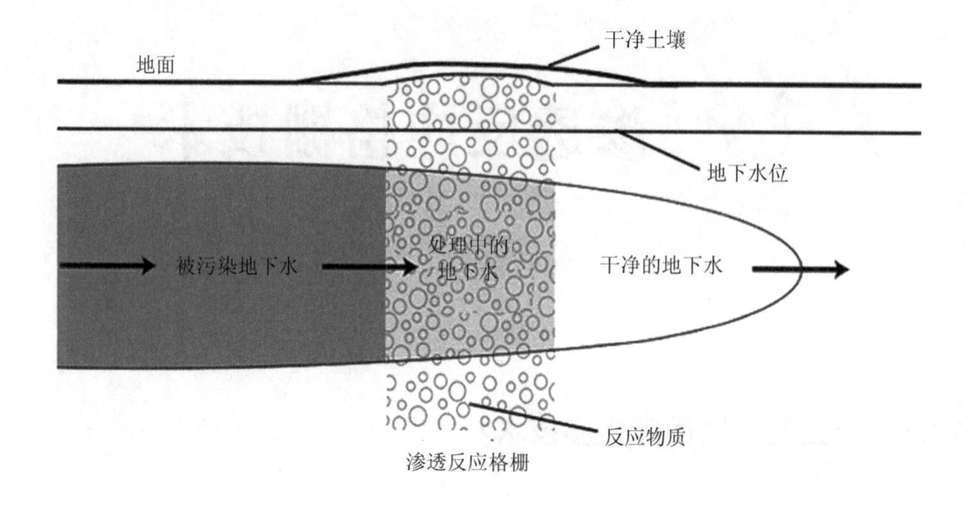

图 12 渗透反应格栅工作原理示意

14.3 渗透反应格栅技术需要多长时间？

渗透反应格栅技术处理地下水污染需要几年的时间，需要的具体时间长度取决于多个因素，在以下情况中可能需要很长时间修复：

（1）地下水中污染物的类型复杂、总量大；

（2）地下水流速缓慢。

14.4 渗透反应格栅技术对周围居民有什么影响？

渗透反应格栅技术需要将设备和材料运至场地，这会给周围社区带来交通和噪声问题；设备的运行必然也会带来噪声问题。

14.5 渗透反应格栅技术安全吗？

渗透反应格栅技术有着良好的安全使用记录。一旦建成，设备不需移动、没有噪声。壕沟内的反应物质对地下水和人体无害，渗透反应格栅技术还可以避免工作人员接触污染物。使用渗透反应格栅技术需确保场地的污染土壤得到妥善处理，如果土壤受到污染，需采用其他方式处理，或送往填埋场。还需将疏松土壤覆盖在壕沟上，避免有害粉尘和气体逃逸。

此外，需检测空气，以确保粉尘和气体没有逸出。同时定期检测地下水，保证渗透反应格栅的正常运转。

14.6 为什么使用渗透反应格栅技术？

渗透反应格栅技术最适用于地下水流动平缓或疏松沙土结构的场地修复，场地中污染物在地下的深度不超过 50 英尺（1 英尺 = 0.304 8 m）。渗透反应格栅技术能处理多种地下水污染，由于不需将污染水抽提到地面处理，仅依靠水流作为动力，没有能量消耗；且不需在地面上安置设备，因此修复成本更低、速度更快。迄今为止，渗透反应格栅技术已经在美国和加拿大的 40 多个场地中得到应用。

15 植物修复技术

15.1 什么是植物修复技术？

植物修复技术，即使用植物处理环境中的污染物。植物可以处理金属、杀虫剂、爆炸性物质和油类等污染物。植物还可以阻止风、雨和地下水将污染带到别的区域。

15.2 植物修复技术的工作原理是什么？

植物修复技术最适于中等和低等污染场地。植物的根系从土壤吸收水分和营养物质的同时，也吸收污染物。植物修复技术可以达到的深度取决于植物根系在土壤中的深度。树的根系比其他小型植物的根系发达，所以能处理场地中更深位置的污染物。

污染物进入植物体后，或储存于根系、树干和树叶，或在植物体内转化为危害较小的化学物质，或转化为气体通过植物的呼吸作用释放到大气中。

植物修复不仅是吸收污染物，还能回收或将其转化为无害物质。比如污染物吸附于植物根系，被根系周围的虫子或微生物吃掉；或在植物收割后回收金属，但一般不会砍伐污染场地内种植的树木。

植物不仅可以修复污染场地，还能阻止风力或雨水下渗导致污染物扩散。

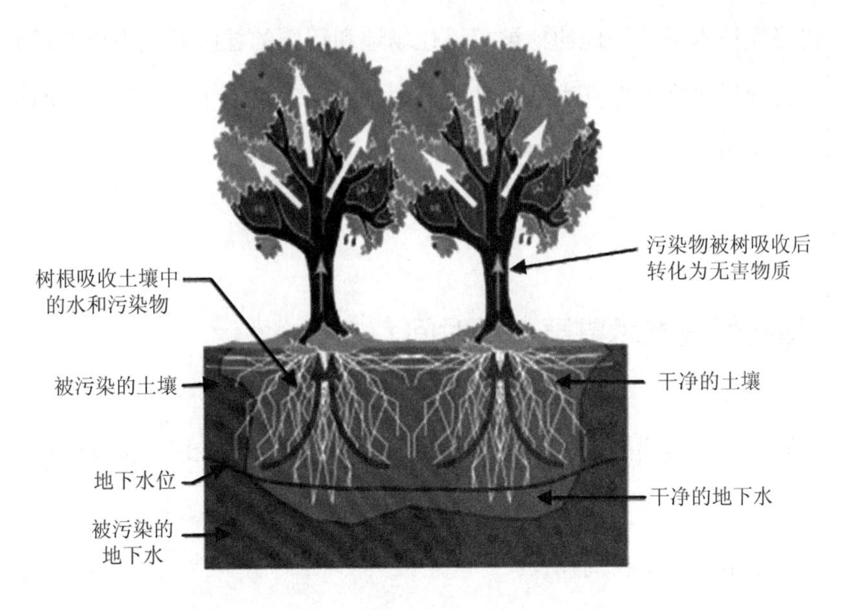

图 13 植物修复技术原理示意

15.3 植物修复技术安全吗?

在植物修复开始前，需调查修复用的植物是否会释放有害气体到空气中，对人体健康造成威胁。

一些昆虫和小动物可能会吃掉用于修复的植物。一般来说，只要植物不被动物吃掉，污染物就不会沿着食物链上行，从而不会对人体健康造成威胁。

15.4 植物修复对周围居民有什么影响?

植物修复几乎对周围居民没有影响。植物修复运行前期需要在场地打孔及运输树苗，这会给周边社区带来交通和噪声的问题；给植物施肥可能会有一些气味；粉尘的问题可以通过在场地洒水来解决。

植物修复技术带给场地的植被可以让场地和周围的社区看上去更有活力。修复使用的植物种类应优先选择本地物种，一方面有利于植物生长；另一方面可以避免引来外来动物和害虫。

15.5 植物修复技术需要多长时间?

植物修复技术需要的实际处理时间取决于多个因素，在以下情况中可能需要很长的时间：

（1）使用植物的生长周期长；

（2）污染物浓度高；

（3）污染区域面积大、纵深长；

（4）植物的生长季短。

这些因素因场地而异。植物如果遇到恶劣天气或动物破坏，修复的时间就会延长。使用植物修复技术修复一块污染场地一般需要很多年。

15.6 为什么使用植物修复技术?

植物修复技术修复污染场地，利用的是植物的自然生长过程，需要的设备和劳动力比其他技术少。此外，植物修复不需要挖出污染土壤或抽出地下水，因此能避免工人接触污染物。植物修复技术已经应用于 10 个超级基金场地。

16 地下水抽提技术

16.1 什么是地下水抽提技术？

地下水抽提技术是一种用于处理受工业溶剂、重金属和油类等污染的地下水的常用技术，用泵将受污染的地下水抽到地表，再进行无害化处理。地下水抽提技术可以阻止污染物扩散到饮用水井、湿地及河流等。

地下水是来自于岩石孔隙、裂隙或土壤颗粒之间的水，在地下流动并最终并入河流或者湖泊。许多人将地下水作为日常用水的水源。

16.2 地下水抽提技术的工作原理是什么？

首先，建立一个抽提系统，用来抽出受污染的地下水，这一系统通常指包含一个或多个配备抽水泵的井。

抽提系统将受污染的地下水抽到地上，然后用污水处理系统进行处理。处理地下水中的污染物有多种方法，或将污染物转化为无害物，或将污染物从水体中分离出来再做处理。受污染水处理达标后可再利用。例如，处理后的水可以回灌到场地或排放到附近的河流，或用于地表土壤和植被的灌溉；也可在当地的污水处理厂进一步处理后，排放到公共下水道系统。处理后产生的废物，如活性污泥，需妥善处理。

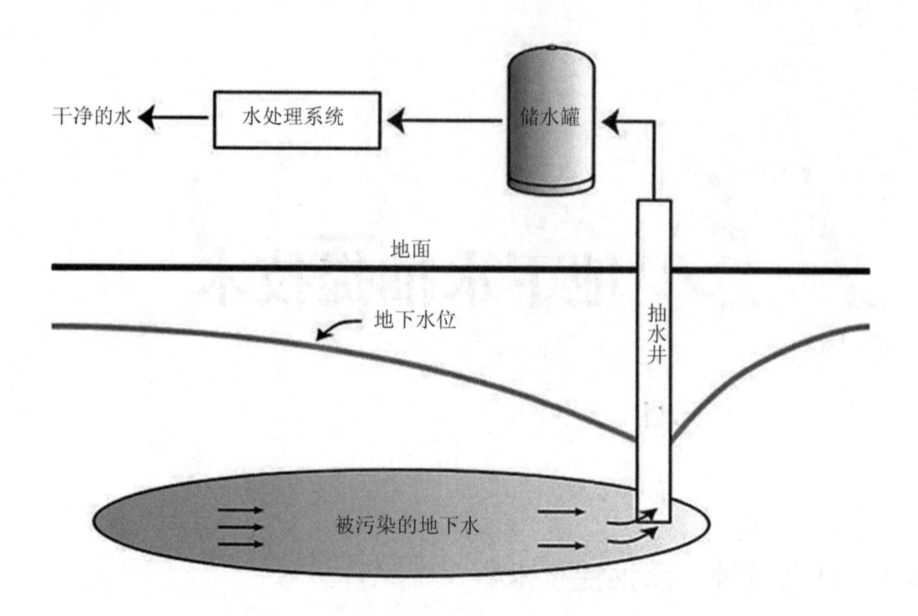

图 14　地下水抽提工作原理示意

16.3　地下水抽提技术安全吗？

只要设计合理、操作正确，地下水抽提技术是安全的。受污染的地下水抽出后存放于容器内，然后送至污水处理系统进行处理，整个过程中无须人为接触含有有害物质的水。处理后的水在检测合格后排入下水道或者池塘。美国环境保护局定期对抽提出的地下水做检测，确保水中的污染物没有进一步扩散。

16.4　地下水抽提技术是否会影响到周围居民？

附近的居民可以看到装载抽提设备材料的卡车进出场地，这对当地交通有一定的影响。地下水抽提设备的安装和运行会产生噪声，需要在建造系统前对系统的设计做出调整；地下水抽提技术修复场地需要很长的时间，一般与其他处理措施同步进行，这也要求在建造系统前对系统的设计做出调整。例如，将地下水抽提系统建在一个距离办公建筑和停车场尽可能远的地方，用围栏隔离。

16.5　地下水抽提技术需要多长时间？

地下水抽提是一个相对缓慢的过程，通常最少持续5～10年，甚至几十年。实际处理时间取决于多个因素，在以下情况中可能需要很长的时间：

（1）有害化学物质浓度很高或污染源没有被完全清除；

（2）污染面积很大；

（3）地下水流缓慢或流径复杂。

16.6　为什么使用地下水抽提技术？

在地下处理地下水难度很大，有时甚至无法处理。地下水抽提技术是解决这一难题的最佳方法。地下水抽提技术也可与其他修复技术一起使用，防止受污染地下水扩散到附近的饮用水水源。地下水抽提技术尤其适用于污染源（如桶装废物和污染土壤）被清理后的地下水修复。地下水抽提技术是地下水修复最常用的技术，美国环境保护局在800多个超级基金场地上使用过地下水抽提技术。

17 土壤气体萃取和曝气技术

17.1 什么是土壤气体萃取和曝气技术？

土壤气体萃取和曝气技术，是将地下的污染气体抽出到地面做进一步处理。污染气体是化学物质挥发后形成的气体。土壤气体萃取是用真空将土壤中的污染气体抽取出来。曝气技术，是强制空气通过受污染的地下水或土壤，去除其中的有害化学物质。空气流将土壤或水中的化学物质变成气态（蒸发），气态化学物质被收集并处理。

土壤气体萃取和曝气技术都可以用来处理挥发性有机物，如油类和溶剂类。

17.2 土壤气体萃取和曝气技术的工作原理是什么？

土壤气体萃取技术，是在污染土壤区域钻一个或多个孔，孔的深度不超过地下水位，然后使用真空泵创造真空环境，将土壤中的气体和蒸汽抽出到地面上处理。

有时候地面必须铺上防水布，以阻止真空泵吸入地面的空气。吸入地面的空气会降低清理效率；防水布还可以防止抽出的有害气体逸出到空气中。

曝气技术，是在污染区域打孔，深度在地下水位以下，然后用泵或空气压缩机将空气压入并通过地下的污染区域，将污染气体带出到地面处理。

从地下抽取出的污染气体，必须经过处理才能去除其中的有害成分。抽取的气体首先通过空气油水分离器，去除其中的水分；然后将气体通过活性炭吸附器，去除其中的化学物质；最后，将处理后干净的气体排放到大气中。

除活性炭外，还有其他的过滤物质。有一种生物过滤，利用微生物（细菌）将污染气体降解为二氧化碳和水分；还有一种方法是高温加热污染气体，破坏化学物质的结构。

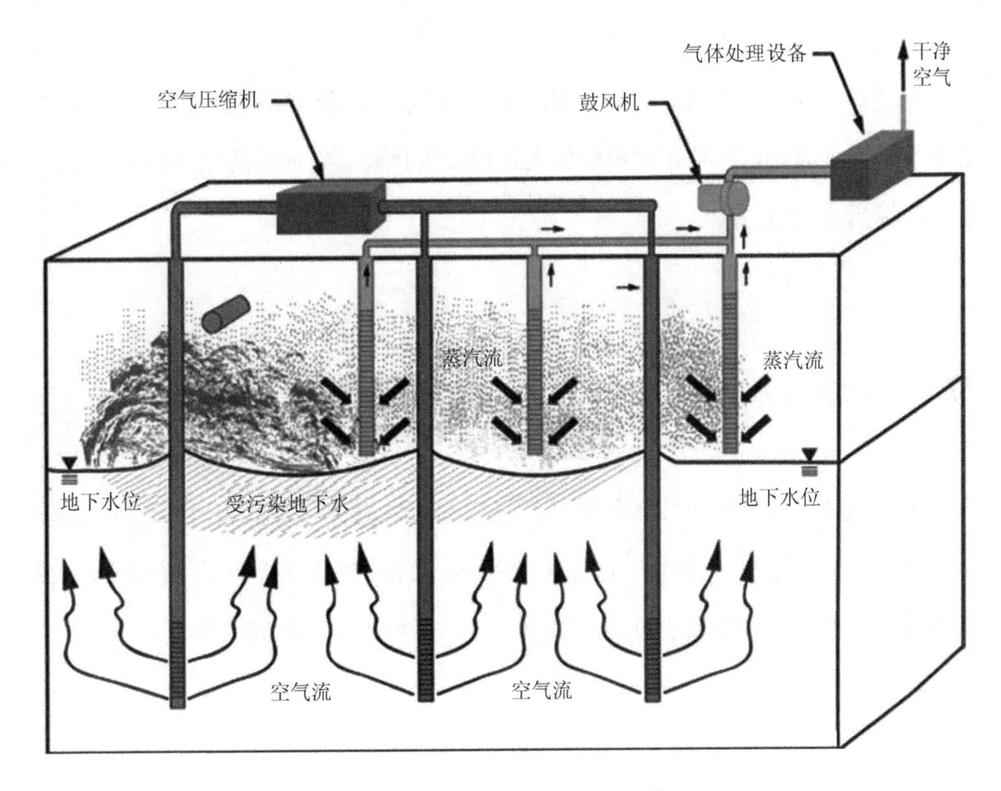

图 15　土壤气体萃取和曝气技术工作原理示意

17.3　土壤气体萃取和曝气技术需要多长时间？

这一技术处理场地一般需要几年的时间。所需实际处理时间取决于多个因素，在以下情况中可能需要很长的时间：

（1）污染物浓度很高或污染源没有被完全清除；

（2）污染区域大，纵深长；

（3）土壤紧实度或湿度大，减缓气体移动。

17.4 土壤气体萃取和曝气技术安全吗？

只要设计和运行合理，土壤气体萃取和曝气技术的使用就会很安全。化学气体必须收集起来处理，以防止对周围的人造成吸入风险。处理后的空气必须进行检测，确定达标后才可以排放。

17.5 土壤气体萃取和曝气技术对周围居民有什么影响？

土壤气体萃取和曝气设备的安装需要用到大型机械，可能会对当地的交通有一定影响；系统的运行可能会产生噪声。此外，设备一般体积较大，当地居民从街道上就可能看到，这一情况也许会持续很多年，直至处理系统完成修复工作。

17.6 为什么使用土壤气体萃取和曝气技术？

土壤气体萃取和曝气技术最适于处理含有挥发性有机物（如燃油类和溶剂类物质）的场地，土壤气体萃取和曝气技术不能去除金属、多氯联苯和其他难挥发的化学物质，而且系统的运行不会对周围社区造成任何影响。土壤气体萃取和曝气技术已经在285个超级基金污染场地和80个其他场地中得到使用。

18 固化/稳定化技术

18.1 什么是固化/稳定化技术？

固化/稳定化技术包括一组可阻止或减缓/减少污染土壤或污泥中污染物释放的处理技术。这组技术通常不会破坏化学物质，只是阻止其扩散到周边环境。固化是一个将污染土壤或污泥加工成固块物质的过程；稳定化是将化学物质转化为危害性和移动性更小的物质。这两种方法通常一起用于阻止有害化学物质的暴露，尤其是重金属和放射性物质。此外，一些有机污染物如多氯联苯和杀虫剂，可以用固化/稳定化技术进行处理。

18.2 固化/稳定化技术的工作原理是什么？

固化技术的工作原理是：将受污染的土壤和其他物质（如水泥）混合，使混合物硬化，形成一种坚固的块状物，然后转移到另外一个地点。固化技术可以阻止污染物扩散到周边环境，其不能处理掉污染物，只是简单地将其包裹起来。

稳定化技术是将污染物转化为危害较小或移动性较小的物质。比如，被金属污染的土壤与石灰混合后反应成为金属化合物，不会轻易扩散到周边环境。

固化/稳定化技术不要求移动污染土壤。在有些场地，并不需要挖掘，而是在场地直接混合，然后覆以干净的土壤。而在有些场地，需挖出污染土壤放在混合装置内处理，以确保所有的污染土壤与其他物质（如水泥或石灰）混合，混合物或者回填到场地，或者送至填埋场处理。在固化/稳定化完成后，需检测场地周边土壤，确保没有污染泄漏。

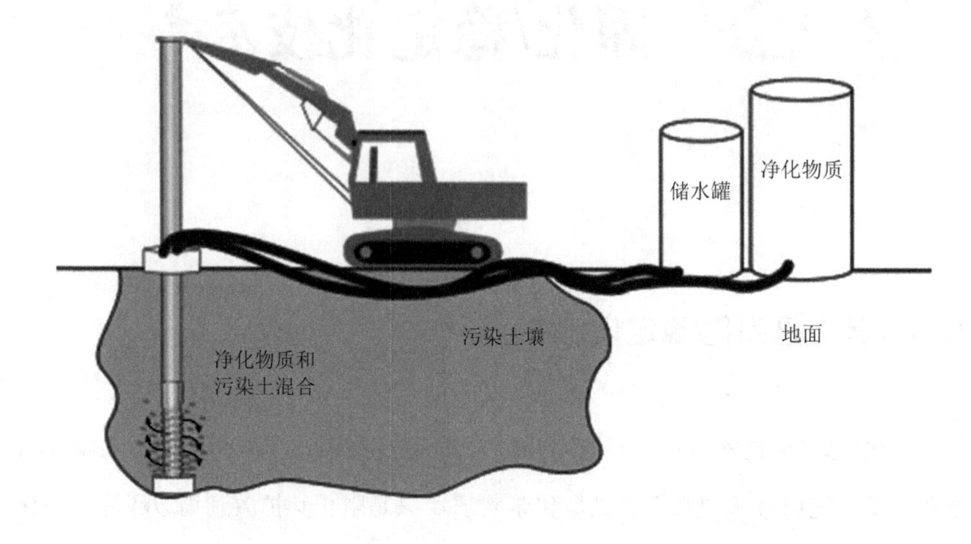

图 16 固化/稳定化技术工作原理示意

18.3 固化/稳定化技术安全吗？

为保证安全，需对最终混合物做检测，确保污染物密封的完整性、强度及耐久性。有时需限制进入实施固化/稳定化技术的区域，这一措施可有效保护修复区域。

18.4 固化/稳定化技术对周围居民有什么影响？

固化/稳定化技术需要将设备和材料运至场地，这会给周围社区带来交通和噪声问题；设备的运行必然也会带来噪声问题。如果需要将污染土壤挖出处理，挖掘设备的运行也会带来噪声问题。修复完成后，场地通常就可以开发利用了。

18.5 固化/稳定化技术需要多长时间？

固化/稳定化技术可能需要几周到几个月的时间修复污染场地，具体实际处理时间取决于多个因素，在以下情况中可能需要很长的时间：

（1）污染物的面积大、纵深长；

（2）土壤密度大，或含有岩石多；

（3）在地面上处理需先挖出污染土壤；

（4）寒冷天气或降雨会延迟处理。

18.6 为什么使用固化/稳定化技术？

固化/稳定化技术提供了一种相对快捷和廉价的污染物处理方式，尤其是对金属类污染物。固化/稳定化技术已经在 250 个超级基金场地中得到了应用。

19 热脱附技术

19.1　什么是热脱附技术？

热脱附技术，是对污染土壤加热，使土壤中的污染物转变为气体，这些气体被特定的设备收集，再将其中的粉尘和污染物分离出来并处理，清洁后的土壤返回场地回填。热脱附技术不同于焚烧处理技术，后者是加热破坏化学物质的结构。

19.2　热脱附技术的工作原理是什么？

热脱附技术，使用一种叫“脱附机”的装备来处理污染土壤。脱附机就像一个大烤炉，将污染土壤挖出放入脱附机，当加热到一定温度，污染物就会蒸发。为保证热脱附处理的效率，在将污染土壤放入脱附机之前，需压碎污染土壤、晾干、与沙子混合并去除瓦砾。

在使用热脱附技术修复污染场地的过程中，为防止污染土壤释放出来的粉尘和有害气体危害人体健康，工作人员必须穿戴防护服。释放出来的污染气体被气体收集装置收集，然后转化为液态或固态物质，再进行安全处理。

在将处理后的土壤送回场地前，需给土壤洒水降温、预防粉尘。如果土壤还有污染残留，需将土壤再放到脱附机中处理，或使用其他技术处理。当确定土壤处理达标，就可以送回场地回填；如果不达标，可送填埋场处理。

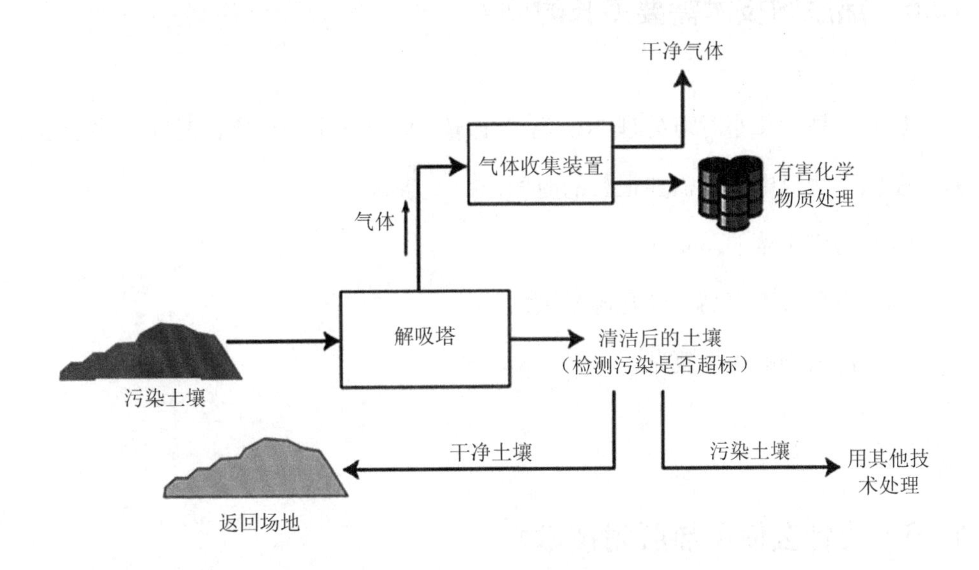

图 17 热脱附技术工作原理示意

19.3 热脱附技术安全吗？

热脱附技术已经应用了很多年。使用过程中，需确保释放出的粉尘和有害气体不会扩散并污染环境，确保处理后送至场地回填的土壤已经处理干净。

19.4 热脱附技术对周围居民有什么影响？

热脱附技术需要将设备和材料运至场地，这会给周围社区带来交通和噪声问题；设备的运行必然也会带来噪声问题。热脱附技术需要将污染土壤挖出处理，挖掘设备的运行也会带来噪声问题。

19.5 热脱附技术需要多长时间？

热脱附技术每小时可处理 20 t 污染土壤，修复一个场地所需时间取决于多个因素，在以下情况中可能需要很长的时间：

（1）污染土壤的总量大；

（2）土壤含水率高、含瓦砾量大；

（3）污染物的类型复杂。

19.6 为什么使用热脱附技术？

热脱附技术适用于处理含水率低的土壤，适用于处理特定类型的污染物，如燃油类、焦油类、木材防腐剂和溶剂。

热脱附技术可修复一些其他技术无法修复的场地，如场地的污染物类型及总量很多。热脱附技术的修复速度比大多数技术快，这对于有些急需快速修复的场地很重要。这一技术所需的设备相对其他加热技术的设备成本及运营成本更低。目前，这一技术已经应用在 59 个超级基金场地。

20 蒸汽入侵缓解技术

20.1 什么是蒸汽入侵缓解技术？

蒸汽入侵，是指受污染土壤和地下水中的化学蒸汽进入附近的建筑。化学蒸汽主要通过建筑的间隙、通风设施和窗户进入。化学蒸汽一旦进入建筑内部，就可能直接被人吸入，对人体造成长期的危害。在少数情况下，如油类的蒸汽进入建筑，可能会存在爆炸风险。蒸汽入侵的风险取决于化学蒸汽的类型及浓度、人们在建筑中停留的时间及建筑的通风状况。

蒸汽入侵缓解技术，可以降低蒸汽入侵的影响。在受污染土壤和地下水被清理之前，需要采取蒸汽入侵缓解技术。这一技术对污染场地周围的建筑或计划开工的建筑有重要意义。

20.2 蒸汽入侵缓解技术的工作原理是什么？

蒸汽入侵缓解技术分为“被动型”和“主动型”，被动型技术用于阻止化学蒸汽进入建筑；主动型技术是通过调整建筑内外的气压差，阻止化学蒸汽进入。被动型缓解技术成本低；主动型缓解技术更有效。

被动型缓解技术的例子：

（1）密封开口：将建筑本身和管道及设施线路上的缝隙密封，一般使用混凝土密封墙面的缝隙。

（2）安装蒸汽屏障：在建筑上安装土工膜或塑料来阻止蒸汽入侵。蒸汽屏障最好在建筑施工的时候安装。

（3）被动通风：在建筑上安装一个通风层，蒸汽可以直接通过通风层，不会进入建筑中。通风层可以在建筑施工前安装。被动通风通常与蒸汽屏障联用。

主动型缓解技术的例子：

（1）接头板减压：在建筑的接头处安装吹风机，将化学蒸汽挡在室外。

（2）建立过压：需要调节建筑内的加热、通风和空调系统，以增加室内的气压，使室内气压高于室外气压。这一方法最适于办公楼和其他大型建筑。

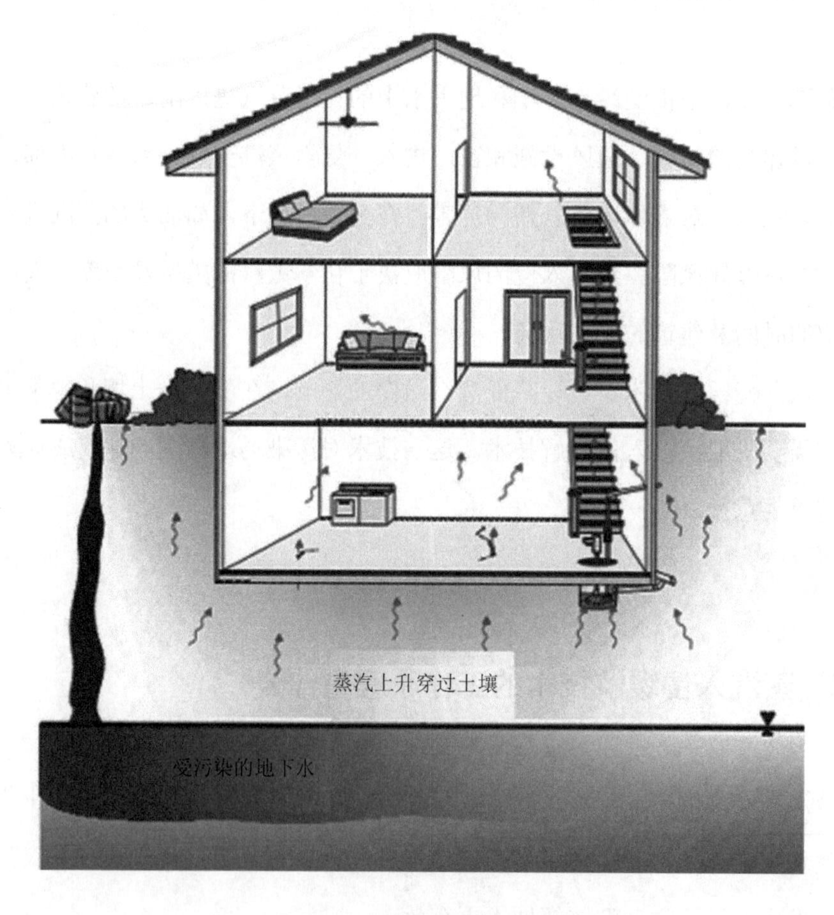

图 18　蒸汽入侵缓解技术工作原理示意

20.3 蒸汽入侵缓解技术需要多长时间？

蒸汽入侵缓解技术可以阻止蒸汽入侵到建筑中，直到场地中的化学蒸汽不再对人有健康危害。这个过程可能需要几年或几十年的时间，直到场地中的受污染土壤和地下水清理完成。

20.4 蒸汽入侵缓解技术安全吗？

蒸汽入侵缓解系统非常安全，可以去除室内化学蒸汽；改进室内空气质量；降低空气湿度，阻止霉菌生长。但蒸汽入侵缓解系统无法降低室内污染源产生的蒸汽，如油漆、塑料制品等。

在蒸汽入侵威胁解除之前，必须定期检测蒸汽入侵缓解系统，以确保其有效运行。例如，地板和墙壁是否有新的裂隙；地工膜是否有漏洞或破损；风扇是否正常工作。建筑内的负责人需要及时解决系统的故障，确保系统的正常运行。

20.5 蒸汽入侵缓解技术对周围居民有什么影响？

场地附近安装了蒸汽入侵缓解系统的建筑不会受到蒸汽入侵的影响。然而，安装系统需要 1～2 天，工人在安装时需要在建筑中移动地毯、家具或办公用具来检查缝隙。有时候，安装的通风管道需要穿过建筑到达顶部。工作人员还需要定期检查系统的运行情况。

系统需要安装风扇或吹风机，这会消耗一定的电能。

20.6 为什么使用蒸汽入侵缓解系统?

蒸汽入侵缓解系统可以减少化学蒸汽入侵建筑造成的吸入风险。在建筑建设的时候安装蒸汽入侵缓解系统的成本更低、更有效，对建筑的影响也最小。蒸汽入侵缓解系统已经在几百个超级基金场地及其他污染场地附近的住宅使用。

21 垂直阻控技术

21.1 什么是垂直阻控技术?

垂直阻控技术，是在地下建立一道屏障控制地下水流。垂直阻控技术可以用来改变受污染地下水的流向，避免受污染地下水流到饮用水井、湿地或河流；这一技术也可以用来隔离受污染土壤和地下水，避免干净地下水被土壤污染。垂直阻控技术与可渗透反应格栅的区别在于，垂直阻控技术不能清理受污染的地下水。尽管如此，垂直阻控技术仍可以与其他处理技术联用，来处理受污染的土壤和地下水。

21.2 垂直阻控技术的工作原理是什么?

垂直阻控技术，是用不可渗透或低渗透性的材料组成一道阻控墙，用于阻止或最大限度地降低受污染地下水的流动。垂直阻控技术最常用的是泥浆墙。泥浆墙是在地下挖一个 2～4 英寸宽的窄沟，然后灌入土壤、水和黏土混成的泥浆。在这种技术中常用的土壤叫“膨润土”，一种遇到水就会膨胀的土壤；此外，还需加入水泥来增加泥浆墙的强度。

垂直阻控技术使用钢、塑料和其他材料组成的打板桩。打板桩作为阻控墙的边缘支撑，需要用机器将打板桩打到地下。

阻控墙的底部一般与低渗透性的土壤或岩石层连接，可以阻止地下水渗透穿过阻控墙。在阻控墙的上面需要安装一个封盖，防止大型机械活动可能对阻控墙的破坏，并阻止雨水和雪水深入到阻控墙的隔离区域。

阻控墙可以将受污染的地下水隔离，阻止其流动。为防止地下水在墙的小缺口处渗透，需在隔离区域钻井抽取地下水。受污染地下水在抽出后需处理达标才可排放。

垂直阻控系统需要维护及定期检测，以确保被隔离的受污染地下水不会扩散到干净区域。

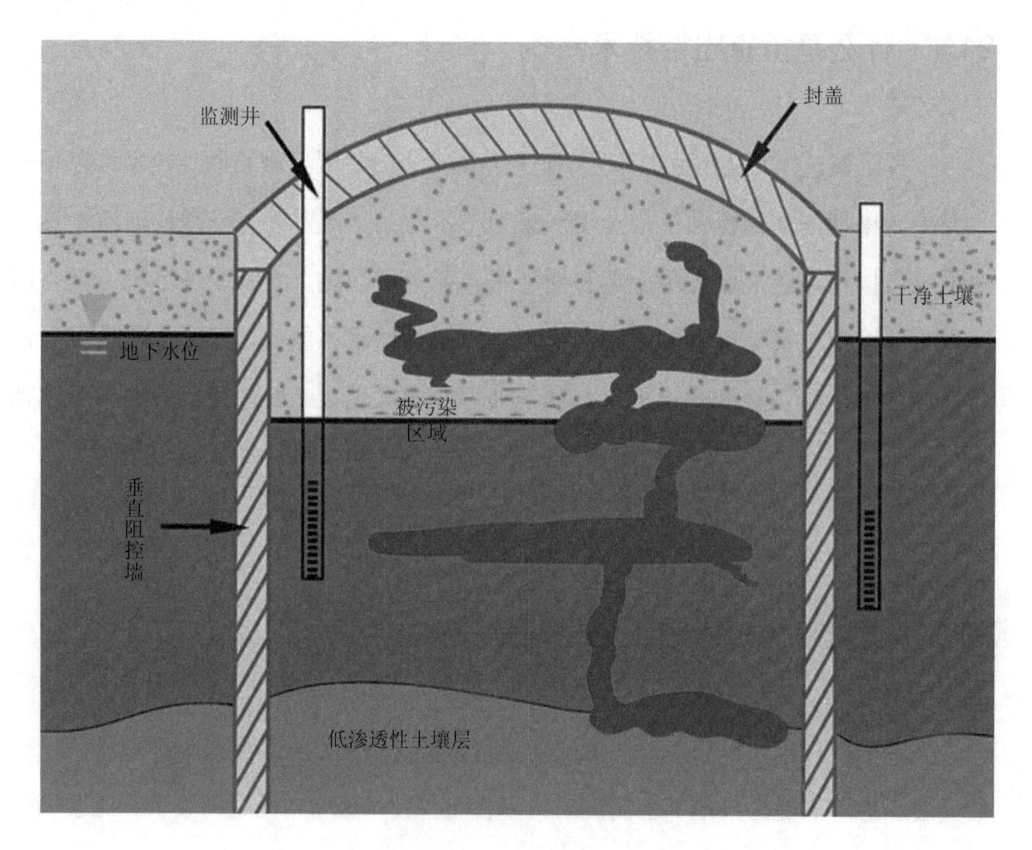

图 19　垂直阻控技术工作原理示意

21.3 垂直阻控技术需要多长时间？

垂直阻控技术一般需要几天到几个月时间，在以下情况中可能需要很长的时间：

（1）污染区域面积大，纵深长；

（2）土壤紧实，岩石多；

（3）需要布置的阻控墙很宽。

21.4 垂直阻控技术安全吗？

垂直阻控技术需要用的材料对人体和环境没有危害。垂直阻控技术可以阻止受污染地下水进入干净区域。只要维护得当，能够很好地保护场地的安全。需要定期检测地下水以确保阻控墙没有损坏，污染物没有发生扩散。

21.5 垂直阻控技术对周围居民有什么影响？

垂直阻控系统的建立需要将设备和材料运至场地并施工一段时间，这会给周围社区带来交通和噪声的问题。此外，使用机器打板桩时，附近居民可能会感到地面震动。工作人员在维护设备、定期采样的时候需要进出场地，要等到场地清理完成才会停止。

21.6 为什么使用垂直阻控技术？

垂直阻控技术可以用于处理一些清理难度大或清理成本高昂的地下水，或用于隔离受污染地下水以避免威胁周围人畜的健康；垂直阻控技术的建造和维护成本低，尤其适用于大面积污染区域。这一技术已经在几十个超级基金场地中使用过。